Angel Barragán Cervera

R1234yf como substituto de bajo GWP a refrigerantes actuales

Angel Barragán Cervera

R1234yf como substituto de bajo GWP a refrigerantes actuales

Estudio teórico y análisis experimental

PUBLICIA

Impressum / Aviso legal
Bibliografische Information der Deutschen Nationalbibliothek: Die Deutsche Nationalbibliothek verzeichnet diese Publikation in der Deutschen Nationalbibliografie; detaillierte bibliografische Daten sind im Internet über http://dnb.d-nb.de abrufbar.

Información bibliográfica de la Deutsche Nationalbibliothek: La Deutsche Nationalbibliothek clasifica esta publicación en la Deutsche Nationalbibliografie; los datos bibliográficos detallados están disponibles en internet en http://dnb.d-nb.de.

Coverbild / Imagen de portada: www.ingimage.com

Verlag / Editorial:
PUBLICIA
ist ein Imprint der / es una marca de
OmniScriptum GmbH & Co. KG
Bahnhofstraße 28, 66111 Saarbrücken, Deutschland / Alemania
Email / Correo Electrónico: info@editorial-publicia.com

Herstellung: siehe letzte Seite /
Publicado en: consulte la última página
ISBN: 978-3-8416-8048-8

Zugl. / Aprobado por: Castellón, Universitat Jaume I

R1234yf como Sustituto de bajo GWP a refrigerantes actuales

NOTA DEL AUTOR

La presente publicación científica es un extracto de la tesis doctoral del autor, defendida en Septiembre de 2013 en la Universitat Jaume I de Castellón de la Plana (España) dentro del programa de doctorado de Tecnologias Industriales, Materiales y Edificación (TIME).

La tesis original puede ser consultada en la base de datos del Ministerio de Educación Cultura y deporte Español, TESEO

El objetivo de la presente publicación es dotar de mayor visibilidad el trabajo realizado, y que pueda ser de ayuda a otros investigadores.

RESUMEN

El ciclo de compresión de vapor es el método más utilizado para la producción de frío. Para la realización de este ciclo es necesaria la utilización de un fluido frigorígeno. Desde sus orígenes estos fluidos han sufrido una constante evolución, buscando no ser peligrosos, ser eficientes y no ser dañinos para el medio ambiente. Actualmente, como consecuencia del impacto medioambiental sobre el calentamiento global producido por los fluidos frigorígenos más utilizados, los HFC, se están estudiando nuevos fluidos alternativos de bajo potencial de calentamiento global.

La tesis que se presenta tiene como objetivo la evaluación del fluido de bajo potencial de calentamiento global R1234yf como sustituto directo al R134a en ciclos de compresión de vapor.

La metodología utilizada se ha basado en la evaluación teórica y experimental del uso del R1234yf , como alternativa de sustitución directa al R134a. Para ello se ha realizado una revisión de las alternativas de bajo PCM en los sistemas de compresión de vapor, centrándonos en el R1234yf como sustituto directo a estudiar. Posteriormente, se ha efectuado una evaluación teórica del comportamiento esperado de dicho fluido en comparación con el refrigerante R134a. Finalmente, se ha realizado una completa evaluación experimental del R1234yf como fluido de sustitución directa al R134a.

La principal conclusión obtenida en el estudio teórico ha sido que el comportamiento presentado por R1234yf y R134a es muy similar, presentando el R1234yf reducciones en la potencia frigorífica del orden del 3% al 11% respecto al R134a, temperaturas de descarga de un 5% a un 12% inferiores al R134a y una eficiencia frigorífica (EER) entre un 2% y un 11% inferior al R134a. Con la introducción de un intercambiador de recalentamiento subenfriamiento (IRS), las diferencias se reducen significativamente, igualándose las potencias frigoríficas y la EER para una eficiencia del IRS del 50%.

Respecto al estudio experimental, se ha validado el comportamiento esperado en el estudio teórico. En el R1234yf, las potencias frigoríficas obtenidas son entre un 5% y un 15% inferiores a las del R134a, las temperaturas de descarga obtenidas de un 3% a un 4% inferiores a las del R134a, y la EER entre un 4% y un 11% inferiores al presentado por el refrigerante R134a. Tal y como se ha estudiado en el caso teórico, se comprueba experimentalmente que la introducción de un IRS reduce estas diferencias. Esta reducción es mayor en el caso de la potencia frigorífica que en el de la EER y aumenta con la tasa de compresión. En el banco de ensayos, al introducir un IRS con una eficiencia de entre un 17% y un 25%, la diferencia entre potencia frigoríficas de ambos refrigerantes disminuye, y se queda en de un 0% a un 8% superior utilizando el refrigerante R134a.

SUMMARY

The vapor compression cycle is the most used method in refrigeration. For the realization of this cycle is necessary to use a working fluid called refrigerant. From its origins the refrigerants have undergone a constant evolution, seeking not to be dangerous, be efficient and environment friendly. Today, as a result of the environmental impact on global warming produced by the most widely used refrigerants, HFCs, new fluids are being studied as low global warming alternative refrigerants.

This thesis aims to evaluating low global warming potential R1234yf as drop-in alternative for R134a in vapor compression cycles.

The methodology used is based on theoretical and experimental evaluation of R1234yf as a drop-in alternative for R134a. So, a review of low-GWP alternatives in vapor compression systems has been conducted, focusing on R1234yf. Then, a theoretical evaluation of the expected performance is presented. Finally, an experimental study on R1234yf as a drop-in alternative for R134a is carried out.

The main conclusion of the theoretical study has been that the behavior of R1234yf and R134a is very similar, presenting R1234yf cooling capacity reductions about 3%-11% taking R134a as reference. The discharge temperatures are 5% to 12% higher in R134a compared to R1234yf. The EER is a 2% to 11% higher in R134a.

In the experimental study has shown that the behavior is like expected in the theoretical study. The cooling capacity obtained for R134a is 5% to 15% higher than for R1234yf. The discharge temperatures obtained for R134a is 3% to 4% higher than for R1234yf. The EER for R134a is 4% to 11% higher than for R1234yf. As we have studied in the theoretical case, the introduction of an IHX reduces these differences, especially for high compression rates. In the case of our test bench by introducing an IHX with efficiency of 17% to 25%,the difference between both refrigerants decreases, taking values of 0% to 8% higher for the R134a refrigerant.

RESUM

El cicle de compressió de vapor és el mètode més utilitzat per a la producció de fred. Per a la realització d'aquest cicle és necessària la utilització d'un fluid frigorigen. Des dels seus orígens aquests fluids han sofert una constant evolució, buscant no ser perillosos, ser eficients i no ser nocius per al medi ambient. En l'actualitat, com a conseqüència de l'impacte mediambiental sobre l'escalfament global produït pels fluids frigorígens més utilitzats, els HFC, s'estan estudiant nous fluids alternatius de baix potencial d´escalfament global.

La tesi que es presenta té com a objectiu l'avaluació del fluid de baix potencial d'escalfament global R1234yf com a substitut directe al R134a en cicles de compressió de vapor.

La metodologia utilitzada s'ha basat en l'avaluació teòrica i experimental de l'ús del R1234yf, com a alternativa de substitució directa al R134a. Per això s'ha realitzat una revisió de les alternatives de baix PCM en els sistemes de compressió de vapor, centrant-nos en el R1234yf com a substitut directe a estudiar. Posteriorment, s'ha efectuat una avaluació teòrica del comportament esperat d'aquest fluid en comparació amb el refrigerant R134a. Finalment, s'ha realitzat una completa avaluació experimental del R1234yf com a fluid de substitució directa al R134a

La principal conclusió obtinguda en l'estudi teòric ha estat que el comportament que R1234yf i R134a és molt similar, presentant el R1234yf reduccions en la potència frigorífica de l'ordre del 3% a l'11% respecte al R134a, temperatures de descàrrega d'un 5% a un 12% inferiors al R134a i una eficiència frigorífica (EER) entre un 2% i un 11% inferior al R134a. Amb la introducció d'un intercanviador de reescalfament subrefredament (IRS), les diferències es redueixen significativament, igualant les potències frigorífiques i l'EER per a una eficiència del IRS del 50%.

Respecte a l'estudi experimental, s'ha validat el comportament esperat en l'estudi teòric. Al R1234yf, les potències frigorífiques obtingudes són entre un 5% i un 15% inferiors a les del R134a, les temperatures de descàrrega obtingudes d'un 3% a un 4% inferiors a les del R134a, i l'EER entre un 4% i un 11% inferiors al presentat pel refrigerant R134a. Tal com s'ha estudiat en el cas teòric, es comprova experimentalment que la introducció d'un IRS redueix aquestes diferències, especialment per taxes de compressió elevades. Aquesta reducció és considerablement més gran en el cas de la potència frigorífica que en el de l'EER. En el cas del nostre banc d'assajos, en introduir un IRS amb una eficiència d'entre un 17% i un 25%, la diferència entre potència frigorífiques de tots dos refrigerants disminueix, i es queda en d'un 0% a un 8% superior en el R134a.

ÍNDICE

NOMENCLATURA

Variable	Significado	Unidades
COP	Coefficient of Performance	-
EER	Energy Efficiency Ratio	-
T	Temperatura	K
P	Presión	bar
h	Entalpía	kJ/kg
$\dot{m}$	Caudal másico	kg/s
V	Volumen	m^3
N	Régimen de giro	rpm
Q	Potencia térmica	kW
Pc	Potencia eléctrica	kW
s	Entropía	kJ/kgK
c_p	Calor específico a presión constante	kJ/kgK
v	Volumen específico	m^3/kg
q	Potencia térmica específica	kJ/kg
w	Potencia eléctrica específica	kJ/kg
t	Tasa de compresión	-
Símbolos griegos		
ρ	Densidad	kg/m^3
η	Rendimiento	-
ε	Eficiencia	-
Subíndices		
ref	Refrigerante	
v	Volumétrico	
i	Isoentrópico	
em	Electromecánico	
G	Geométrico	
o	Evaporación	
k	Condensación	
c	Compresión	
$desc$	Descarga	
g	Global	
Superíndice		
'	Con IRS	

ÍNDICE DE FIGURAS

ÍNDICE DE TABLAS

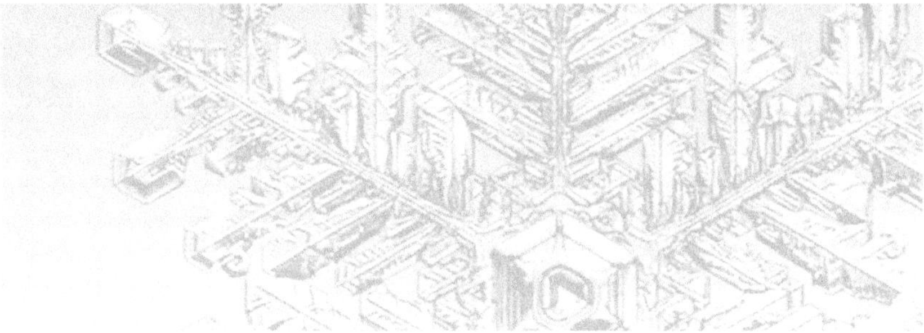

CAPÍTULO 1.

INTRODUCCIÓN

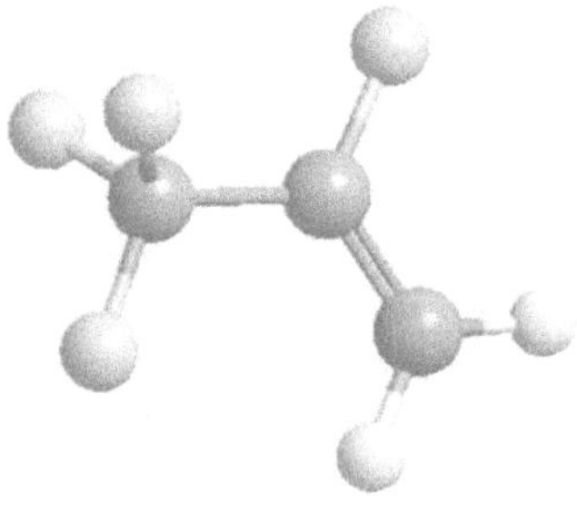

CAPÍTULO 1

INTRODUCCIÓN

1.1 INTRODUCCIÓN

Ya desde tiempos muy antiguos la humanidad ha utilizado muchos recursos y esfuerzos para mantener artificialmente la temperatura de un sistema por debajo de las condiciones ambientales. Es sabido que nuestros antepasados utilizaron hielo producido naturalmente para estos fines. Con toda seguridad cómo realizar este proceso de forma más eficiente y sin depender de las condiciones climatológicas fue lo que motivó el desarrollo de lo que posteriormente conoceríamos como sistemas de producción de frío.

En 1834 Perkins, en su patente "*Improvement in the Apparatus and Means of Producing Ice and in Cooling Liquids*" [1], describe un ciclo mediante el uso de un fluido volátil para el propósito de producir el enfriamiento o la congelación de líquidos y, al mismo tiempo, condensar constantemente dicho fluido volátil para usarlo una y otra vez sin desperdicio. Este ciclo de producción frigorífica se conoce como ciclo de compresión de vapor y es el método más utilizado en la actualidad para la producción frigorífica.

Para la realización de este ciclo es necesario un fluido de trabajo, y continuamente se han sopesado las ventajas e inconvenientes de distintos fluidos para la realización del ciclo de compresión de vapor.

Los sistemas de compresión de vapor cuentan actualmente con un amplio censo de potencia instalada, tanto en instalaciones de refrigeración (producción de frío para almacenes de conservación, procesos industriales refrigeración comercial...) como de climatización. Debido a ello, se está haciendo especial hincapié en las repercusiones medioambientales, principalmente asociadas a las propiedades del refrigerante utilizado y a la eficiencia energética de las instalaciones. Actualmente en Europa los fluidos deben de tener nulo potencial de agotamiento de la capa de ozono (ODP=0) y cada vez se tiende al uso de alternativas de menor potencial de calentamiento mundial (PCM, GWP en inglés)

Así, de cara a minimizar el impacto de los sistemas de compresión de vapor en los sistemas actuales, se debe minimizar el efecto invernadero asociado a estos. Para ello, es necesario aunar buenas eficiencias en operación (con bajos efectos indirectos asociados al consumo energético de las plantas) y el uso de fluidos de trabajo con bajos valores de efecto directo (valores bajos de PCM).

La investigación del presente trabajo se desarrolla dentro del grupo ISTENER (Ingeniería de los Sistemas Térmicos y Energéticos) de la Universitat Jaume I. El contenido experimental del mismo se ubica en las instalaciones del grupo ISTENER dentro del Departamento de Ingeniería Mecánica y Construcción de la Universidad Jaume I.

1.2 JUSTIFICACIÓN

El importante censo de potencia total instalada en equipos de compresión de vapor, tanto para la producción de frío como para climatización, hace que la presente tesis sea de gran interés por el amplio abanico de posibilidades de transferencia de conocimiento, no sólo en el diseño de nuevas instalaciones sino también en la adaptación de instalaciones ya existentes.

Tal y como se ha comentado anteriormente, es necesario evaluar distintos fluidos que presenten buenos comportamientos, tanto a nivel de eficiencia energética de las instalaciones cómo de potencial de efecto invernadero directo (a través del PCM del fluido de trabajo), con objeto de reducir el impacto global que presentan los ciclos de compresión de vapor en el entorno.

Así, en esta tesis doctoral se va a proceder a realizar una revisión del estado del arte en cuanto a las distintas alternativas que tenemos para la elección del fluido de trabajo, y se va a profundizar en el estudio de las hidrofluoroolefinas HFO como alternativas a los fluidos actuales, centrándonos en la alternativa del R1234yf como sustituto directo al R134a. Con este fin, se va a realizar un trabajo experimental consistente en realizar un "drop-in" en un banco experimental y se analizará el comportamiento energético del nuevo fluido, R1234yf, en comparación con el comportamiento que se obtiene utilizando R134a.

Este trabajo, se integra dentro de una de las principales líneas de investigación del grupo ISTENER, la caracterización experimental y modelado de sistemas de refrigeración por compresión de vapor, así como la evaluación de nuevos refrigerantes alternativos a los actuales. Las actividades del grupo son avaladas por el desarrollo de trabajos de investigación, entre los que se encuentran diversas tesis doctorales [2], [3]; contribuciones en conferencias y revistas internacionales [4], [5], [6], [7]; así como proyectos relacionados con el uso de nuevos fluidos refrigerantes [8].

1.3 OBJETIVOS

Como se ha comentado, existe una necesidad de minimizar el impacto medioambiental asociado a los sistemas de compresión de vapor, principalmente a través del uso de fluidos respetuosos con el medio ambiente y aumentando la eficiencia de las instalaciones. Por ello, en esta tesis se plantea la evaluación del nuevo refrigerante R1234yf como alternativa de sustitución directa de bajo PCM al R134a en aplicaciones de refrigeración y climatización.

Para la consecución de este objetivo principal, se plantean los siguientes objetivos específicos:

- Revisión del estado del arte de alternativas de bajo PCM en los sistemas de compresión de vapor.

- Evaluación teórica del uso de R1234yf como refrigerante alternativo al R134a.

- Evaluación experimental del uso de R1234yf como sustitución directa (drop-in) en instalaciones que utilizan R134a como refrigerante.

- Caracterización del impacto energético de la sustitución y del uso de dispositivo de subenfriamiento-recalentamiento como medida para aumentar el desempeño energético.

1.4 METODOLOGÍA

Para lograr los objetivos perseguidos se plantea una metodología basada en la evaluación teórica y experimental del uso de R1234yf como alternativa y sustitución directa del R134a. Así, se realiza una revisión de las alternativas de bajo PCM en los sistemas de compresión de vapor, especialmente sustituyendo al R134a y centrado en el nuevo fluido HFO R1234yf y se lleva a cabo una evaluación teórica del comportamiento esperado de éste como fluido de trabajo en comparación al fluido R134a. Finalmente, se lleva a cabo una completa evaluación experimental del R1234yf como fluido de sustitución directa al R134a y la evaluación del uso de un intercambiador de recalentamiento subenfriamiento como para aumentar el comportamiento energético en la sustitución. Para esto, se ha llevado a cabo la introducción de un intercambiador de recalentamiento subenfriamiento (IRS) en el banco de ensayos.

Para llevar a cabo la parte experimental ha sido necesario adecuar un banco de ensayos, introduciendo instrumentación que nos permita evaluar con precisión el comportamiento de los refrigerantes y su caracterización energética en un amplio rango de funcionamiento.

1.5 ORGANIZACIÓN DEL DOCUMENTO

Así, vistos los objetivos, y metodología planteada para su consecución, el presente documento se estructura de la siguiente forma:

- Capítulo 1: En el que se ha introducido la motivación, principales objetivos de la tesis doctoral y metodología utilizada.
- Capítulo 2: Donde se presentan los antecedentes y la revisión del estado del arte de los distintos fluidos utilizados en los sistemas de compresión de vapor. Se estudia la problemática medioambiental actual y se presentan distintos candidatos con bajo potencial de efecto invernadero (PCM<150) y nulo ODP para la sustitución de los actuales refrigerantes HFC, en concreto del R134a.
- Capítulo 3: En el que se realiza un análisis teórico del comportamiento energético esperado del R1234yf en el ciclo de compresión de vapor, comparándolo con el R134a.
- Capítulo 4: Este capítulo describe la instalación experimental utilizada en la investigación de la presente tesis. Se describen los distintos componentes, el funcionamiento de la instalación, la instrumentación utilizada, etc.
- Capítulo 5: Este capítulo presenta los ensayos realizados para caracterizar, en un amplio rango de condiciones de funcionamiento, los refrigerantes estudiados. También se presenta el tratamiento de los datos experimentales, su validación y la propagación de errores en las variables calculadas.
- Capítulo 6: En este capítulo se analizan los resultados experimentales obtenidos en la instalación experimental funcionando con R1234yf y R134a, comparando el comportamiento energético de ambos fluidos en un rango amplio de condiciones de funcionamiento con y sin el uso del IRS.
- Capítulo 7: En este capítulo se presentan las principales conclusiones de la tesis junto con los trabajos futuros que se plantean y desprenden de la misma.

CAPÍTULO 2.

ANTECEDENTES

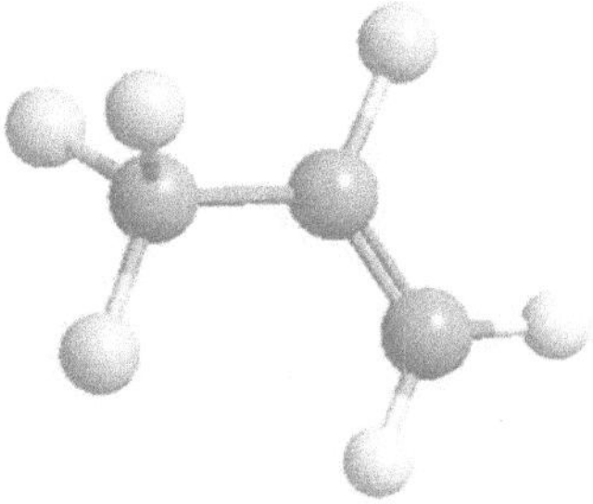

CAPÍTULO 2

ANTECEDENTES

2.1 INTRODUCCIÓN

Numerosos investigadores de los siglos XV y XVI estudiaron los procesos físicos en los cambios de fase de los fluidos y sus hallazgos fueron la base para sentar los procesos de refrigeración que conocemos en la actualidad. No se puede atribuir a un único investigador el descubrimiento de los ciclos de compresión de vapor, pero Oliver Evans, en 1805, fue el primero en proponer el uso de fluidos volátiles en un sistema cerrado para para producir hielo, describiendo un sistema en el que evaporando éter etílico en un sistema de vacío y bombeando el vapor a un condensador refrigerado por agua podíamos obtener nuevamente éter líquido para su reutilización. No hay evidencias de que construyese una máquina que funcionara cíclicamente, pero seguramente fueron sus ideas las que sirvieron de partida a Jacob Perkins y Richard Trevithick para desarrollar lo que hoy en día conocemos como ciclo de compresión de vapor.

En 1834 Perkins [1], en su patente "*Improvement in the Apparatus and Means of Producing Ice and in Cooling Liquids*", describe un ciclo mediante el uso de un fluido volátil para el propósito de producir el enfriamiento o la congelación de líquidos y al mismo tiempo condensar constantemente dicho fluido. Así, con Perkins nace la primera generación de refrigerantes, que fue la utilizada en los primeros cien años de historia de los ciclos de compresión de vapor. Él utilizó como refrigerante éter sulfúrico, pues era un fluido volátil que permitía realizar el ciclo y que tenía fácilmente disponible gracias a su trabajo como impresor. El objetivo de los refrigerantes de primera generación era que el sistema funcionara, sin tener en cuenta requisitos de peligrosidad y mucho menos medioambientales. La mayoría de los refrigerantes usados fueron inflamables, tóxicos, e incluso algunos también reactivos, por lo que los accidentes eran frecuentes. Algunos de los primeros fluidos usados en los sistemas de refrigeración por compresión de vapor fueron: el éter (1835), el dimetil éter (1840), la mezcla de agua y ácido sulfúrico (1850), el amoniaco (1859), el dióxido de carbono (1866), el dióxido de azufre (1875), el cloruro de metilo, el cloruro de etilo (1870-1880), etc. [9]. También se utilizaban hidrocarburos (1866), llegando a ser presentado el propano en 1920 como "un refrigerante seguro e inodoro" y como una alternativa adecuada para sustituir al amoniaco [10, 11].

Tras sucesivos ensayos, se empezaron a encontrar nuevas sustancias más seguras y duraderas, sustancias que conforman la segunda generación de refrigerantes. Carrier y

Waterfill, en 1924, fueron los primeros en realizar una búsqueda sistemática de refrigerantes, catalogando los distintos fluidos candidatos en función de su seguridad, compatibilidad con distintos materiales y rendimiento del ciclo. El objetivo de esta segunda generación de refrigerantes era buscar fluidos seguros, estables (que no se degradaran fácilmente), compatibles con los materiales y que obtuvieran el máximo rendimiento posible.

Es en 1931 cuando la industria de la refrigeración sufre un cambio importante con la introducción y comercialización de los refrigerantes sintéticos, con los trabajos realizados por Thomas Midgley, Albert L. Henn y Robert R. McNary, quienes se dieron a la tarea de realizar una amplia investigación para determinar aquellos elementos químicos que al combinarse dieran origen a un fluido de trabajo adecuado para su empleo en sistemas de refrigeración.

La selección que realizaron se redujo a ocho elementos: Carbono, Nitrógeno, Oxígeno, Azufre, Hidrógeno, Flúor, Cloro y Bromo. Descubrieron que la fluoración o cloración de los hidrocarburos puede ser modificada para obtener diversos fluidos frigorígenos con puntos de ebullición específicos.

Es en 1930 cuando Midgley *et al.* [12] presentan en una conferencia desarrollada en la Sociedad Americana de Química un fluido refrigerante seguro e inocuo, que más tarde se conocería como R12. Este fue el inicio del amplio desarrollo de los Clorofluorocarbonos (CFCs), precursores de los Hidroclorofluorocarbonos (HCFCs), que son compuestos no completamente halogenados basados en componentes de Carbono, como el R22.

Esta segunda generación de refrigerantes se utilizó entre 1930 y 1990, y son los CFCs, HCFCs, NH_3, H_2O etc. Los CFCs y HCFCs fueron ampliamente utilizados, y gracias a su seguridad (no son ni inflamables ni tóxicos), buen rendimiento, bajos costes de producción y estabilidad, son los que finalmente se utilizaron en la fase de crecimiento y desarrollo del mercado de la refrigeración. El desarrollo de los refrigerantes sintéticos trajo como consecuencia que los fluidos naturales, ampliamente utilizados como refrigerantes en diversas aplicaciones hasta la fecha, decreciera considerablemente, con excepción del amoniaco, el cual siguió empleándose principalmente en grandes plantas de refrigeración. A partir de entonces los CFCs y posteriormente los HCFCs se utilizaron de forma generalizada en los sistemas de refrigeración para equipos domésticos, industriales y comerciales, y también se utilizaron como propelentes, como espumantes y en multitud de procesos gracias a sus condiciones de seguridad y bajo coste de producción.

Fue más de cuarenta años más tarde cuando los estudios presentados por Sherwood Rowland y Mario Molina (1974) [13] relacionaron la disminución del espesor de la capa de ozono estratosférico con la acción catalítica de las moléculas de determinados compuestos halogenados, derivados de los hidrocarburos saturados. Los CFCs y los HCFCs fueron señalados como los culpables de la destrucción de la capa de ozono, protectora frente a las nocivas radiaciones ultravioletas que provienen del sol.

2.2 PROBLEMÁTICA MEDIOAMBIENTAL

En el año 1980, el Programa de las Naciones Unidas para el Medio Ambiente, UNEP, inició los trabajos para la preparación de un convenio internacional con objeto de establecer las líneas generales a nivel internacional con vistas a la protección de la capa de ozono estratosférico.

En la convención de Viena (1985) 20 naciones convinieron en adoptar *"medidas apropiadas para proteger la salud humana y el medio ambiente contra los efectos adversos resultantes o que puedan resultar de las actividades humanas que modifiquen o puedan modificar la capa de ozono"*. Pero las medidas no se especifican y solo al final, en un anexo, se habla de las sustancias químicas que se deben vigilar. Lo importante de esta convención es que por primera vez en la historia las naciones se pusieron de acuerdo en hacer frente a un problema ambiental mundial antes de que sus efectos se hiciesen patentes o incluso se demostrasen científicamente.

A medida que los expertos comenzaron a explorar la adopción de medidas concretas, en mayo de 1985, la revista 'Nature' publicó un documento de científicos británicos - encabezados por el Dr. Joe Farman - acerca del agotamiento grave de la capa de ozono en el Antártico [14]. Los resultados del documento se vieron confirmados mediante observaciones realizadas desde satélites estadounidenses, como se observa en la Fig. 2.1, que ofrecieron la primera prueba de agotamiento grave y confirieron mayor urgencia a la necesidad de adoptar medidas concretas.

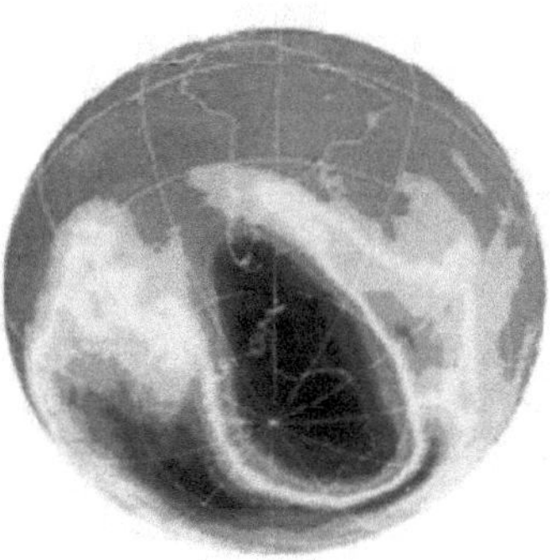

Fig. 2.1. El agujero de la capa de ozono de la Antártida el 17 de octubre de 1994, Espectrómetro cartográfico del ozono total (TOMS) de la NASA, Centro de vuelos espaciales Goddard [15].

El Protocolo de Montreal (1987) [16] estableció un calendario de prohibición de uso de estas sustancias y, en un periodo de tiempo muy corto, se desarrolló la siguiente generación de refrigerantes. Se añadían a las condiciones de seguridad y estabilidad la protección de la capa de ozono. Más tarde, y como consecuencia de los resultados obtenidos en las investigaciones científicas promovidas por el Protocolo de Montreal, el número de sustancias reguladas y sus correspondientes calendarios de supresión se han ido endureciendo en las sucesivas enmiendas a dicho protocolo, Helsinki (1989),

Londres (1990), Copenhagen (1992), Bangkok (1993), Viena (1995), Montreal (1997) y Beijing (1999), ver Watanabe (2002) [17].

La Comunidad Europea creo el Reglamento CE 2037/2000 [18], que regula la eliminación y control de las sustancias dañinas para la capa de ozono prohibiendo el uso de CFC y estableció la fecha límite de uso de HCFC para 2015. En la Fig. 2.2 se observa la predicción de la cantidad del ozono atmosférico hasta 2050 en caso de alcanzarse la eliminación total de compuestos agotadores de la capa de ozono. Se desarrolló una nueva generación de refrigerantes, la tercera, con los HFCs y se promovió la investigación en refrigerantes naturales, principalmente hidrocarburos y CO_2. Hasta nuestros días estas sustancias se han considerado seguras, tanto para el medio ambiente como para las personas, pero actualmente, tenemos un nuevo factor a considerar, el calentamiento global.

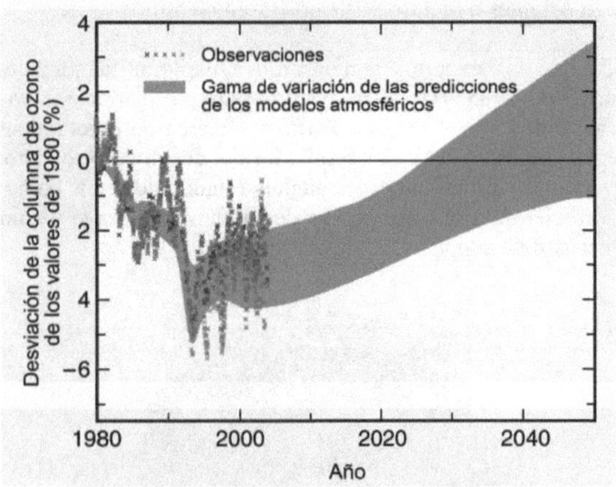

Fig. 2.2. Valores de la columna de ozono en latitudes bajas y medias (60°S–60°N), observados y proyectados mediante modelos, y expresados como desviaciones porcentuales de los valores correspondientes a 1980 [15].

Los llamados gases de efecto invernadero fueron mencionados por primera vez en la conferencia de Río (1992) [19]. La Convención marco de las Naciones Unidas relativa al Cambio Climático decidieron, en la cuarta Conferencia, celebrada en Berlín en 1995 [20], negociar un protocolo que contuviera medidas de reducción de las emisiones de los países industrializados. Tras una larga preparación, el 11 de diciembre de 1997 se aprobó el Protocolo de Kioto [21].

En el protocolo de Kioto (1997) se adoptaron acuerdos para reducir los gases de efecto invernadero. Para alcanzar este objetivo los Estados miembros se comprometieron a depositar sus instrumentos de ratificación, antes del 1 de junio de 2002. Globalmente, los Estados Partes en el Acuerdo del anexo I de la Convención marco se comprometieron a reducir sus emisiones de gas de efecto invernadero en, al menos, un 5% con respecto al nivel de 1990 durante el período 2008-2012. Con el fin de continuar con el compromiso, la última Conferencia Marco de las Naciones Unidas sobre el cambio climático se celebró en Copenhague en diciembre de 2009, con la meta de preparar futuros objetivos para reemplazar los del Protocolo de Kioto, que termina en 2012. El objetivo final era la reducción mundial de las emisiones de CO2 en al menos un 50% en 2050 respecto a 1990.

Este protocolo centra sus objetivos en la disminución de las emisiones de sustancias que provocan efecto invernadero, siendo actualmente la fuente más importante el CO_2 producido por el uso de combustibles fósiles, pero no siendo esta la única fuente. Con el fin de reducir los efectos que la humanidad está teniendo sobre el clima, debemos ser capaces de reducir las sustancias que provocan efecto invernadero, y los HFCs utilizados actualmente presentan un potencial de calentamiento global muy elevado en caso de emisión directa, pues tienen una vida media en la atmosfera muy elevada, y como consecuencia de su efecto acumulativo generan un efecto sobre el calentamiento global importante. El estudio de nuevas sustancias con bajo potencial de calentamiento global es lo que podríamos definir como cuarta generación de refrigerantes.

Las leyes y regulaciones nacionales para implementar el Protocolo de Kioto difieren, pero generalmente prohíben las emisiones evitables de refrigerantes HFC y PFC y, en algunos países, controlan o imponen impuestos a su uso [22]. El Parlamento Europeo estableció la regulación de tiempo con la Directiva 2006/40/CE (junto con sus posteriores modificaciones) [23, 24, 25], que prohíbe los refrigerantes fluoroquímicos (Gas F) que tengan PCM (potencial de calentamiento global) por encima de 150 para integración de 100 años en acondicionadores de aire para automóviles de nuevo modelo, efectivo a partir del 2011, y para todos los automóviles nuevos, a partir del 2017.

Al detectar el problema del cambio climático mundial, la Organización Meteorológica Mundial (OMM) y el Programa de las Naciones Unidas para el Medio Ambiente (PNUMA) crearon el Grupo Intergubernamental de Expertos sobre el Cambio Climático (IPCC) en 1988. El Cuarto informe de evaluación (AR4) del Panel Intergubernamental sobre Cambio Climático (IPCC) ha reflejado la preocupación por el calentamiento climático achacado a causas de emisiones de carácter antropogénico de gases de efecto invernadero. La forma de actuar viene recogida en un documento elaborado por el IPCC (Grupo Intergubernamental de Expertos sobre el Cambio Climático), llamado la protección de la capa de ozono y el sistema climático mundial [15].

La función del IPCC consiste en analizar, de forma exhaustiva, objetiva, abierta y transparente, la información científica, técnica y socioeconómica relevante para entender los elementos científicos del riesgo que supone el cambio climático provocado por las actividades humanas, sus posibles repercusiones y las posibilidades de adaptación y atenuación del mismo. En el informe del IPCC se detallan las opciones para la eliminación gradual de las Sustancias Agotadoras del Ozono (SAO) y la reducción de las emisiones de gases de efecto invernadero (GEI) [26].

En las Fig. 2.3 y Fig. 2.4 podemos observar la influencia de cada factor sobre el calentamiento global y el calentamiento previsto por el IPCC según diversos modelos de estudio.

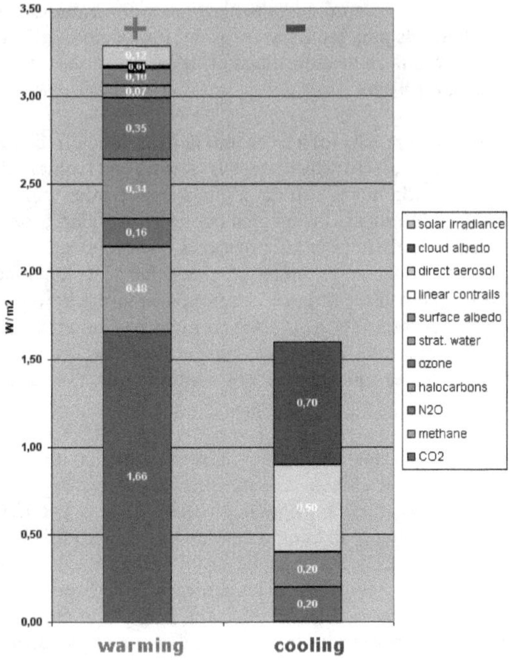

Fig. 2.3. Contribución en W/m^2 de cada causante del calentamiento global [15].

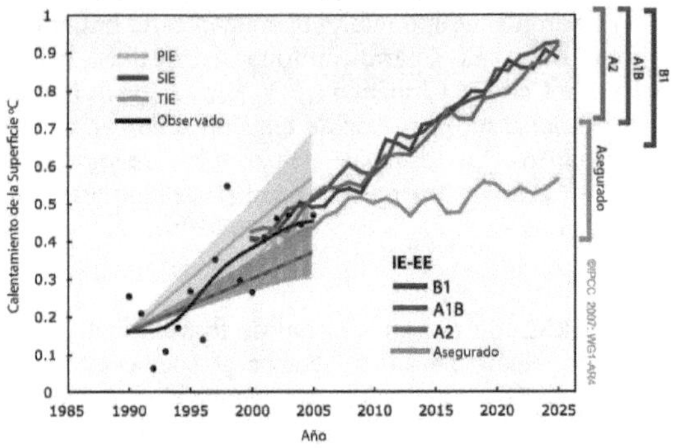

Fig. 2.4. Previsión de calentamiento de la superficie terrestre por el IPCC según varios modelos propuestos [15].

Con el fin de continuar con el compromiso, la última Conferencia Marco de las Naciones Unidas sobre el cambio climático se celebró en Copenhague en diciembre de 2009, con la meta de preparar futuros objetivos para reemplazar los del Protocolo de Kioto, que termina en 2012 [27]. El objetivo final era la reducción mundial de las emisiones de CO2 en al menos un 50% en 2050 respecto a 1990.

En la Fig. 2.5 se puede apreciar la tendencia ascendente que han tomado las emisiones, tomando como índice de evolución para 1990 un valor igual a 100.

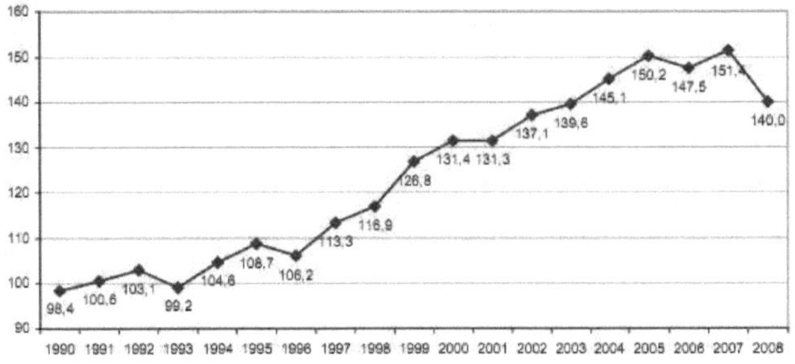

Fig. 2.5. Evolución de las emisiones de CO_2 desde 1990 a la actualidad.

Las instalaciones de producción de frío están doblemente vinculadas a la problemática medioambiental: al utilizar fluidos refrigerantes que puedan ser sustancias con potencial de agotamiento de la capa de ozono (PAO, o ODP por sus siglas en inglés) o con potencial de calentamiento mundial (PCM, o GWP por sus siglas en inglés), el conocido como efecto directo; y al ser consumidoras de energía eléctrica (debido a la emisión de CO_2 cuando su generación ha sido por combustión térmica), el conocido como efecto indirecto.

El parámetro que mide la contribución al efecto invernadero de una instalación de producción de frío es el TEWI (Total Equivalent Warming Impact), que cuantifica tanto el efecto directo como indirecto. El consumo energético de las instalaciones de producción de frío, y su contribución al efecto invernadero, no es desdeñable. A escala mundial se calcula que la producción de frío (refrigeración y aire acondicionado) consume entre el 10% y el 20% de la electricidad consumida en el mundo [28]. En la Fig. 2.6 podemos ver una representación de la contribución del efecto directo y el efecto indirecto al TEWI, en la que se observa como para sistemas estacionarios con baja probabilidad de fugas el efecto indirecto es dominante [29].

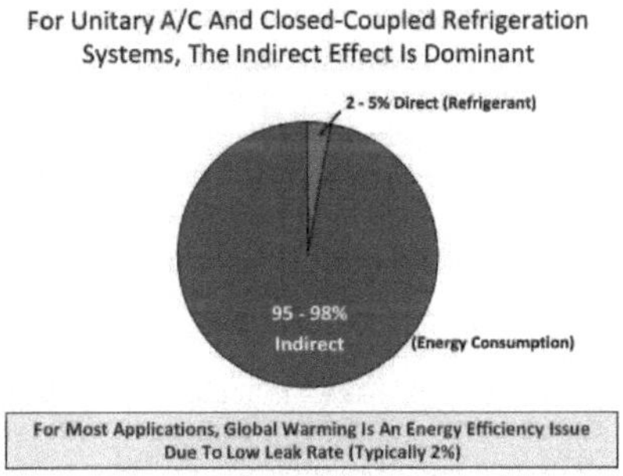

Fig. 2.6. Comparación de la contribución al TEWI del efecto directo y el efecto indirecto de los refrigerantes en el calentamiento global [29].

En el informe del IPCC se detallan las opciones para la eliminación gradual de las Sustancias Agotadoras del Ozono (SAO) y la reducción de las emisiones de gases de efecto invernadero (GEI). El informe indica que una evaluación exhaustiva debería abarcar las emisiones directas e indirectas relacionadas con la energía, todos los aspectos del ciclo de vida y consideraciones relativas a la salud, la seguridad y el medio ambiente.

La reducción de las emisiones directas de GEI es posible mediante:

- Mejor confinamiento de las sustancias.
- Reducción de la carga de sustancias en los equipos.
- Recuperación, reciclado o la destrucción de las sustancias al término de la vida útil.
- Mayor uso de sustancias alternativas con un potencial reducido o insignificante de calentamiento atmosférico.
- Tecnologías que no dependen del uso de fluorocarbonos.

El aumento de la eficiencia energética puede traer aparejada una reducción de las emisiones indirectas provenientes de tales aparatos, dependiendo de la fuente de energía utilizada y de otras circunstancias, y generar ahorros en los costes netos, particularmente cuando la aplicación tiene un período de uso prolongado (por ejemplo, en los equipos de refrigeración y en los acondicionadores de aire fijos).

Así, a la hora de estudiar la sustitución de los refrigerantes actuales por nuevos fluidos refrigerantes de bajo potencial de efecto invernadero habrá que evaluar el impacto que tendrá el cambio de fluido en la eficiencia energética de los sistemas de compresión de vapor para cuantificar el efecto indirecto de los refrigerantes en el TEWI.

Los nuevos refrigerantes fluorados alternativos de bajo PCM tienen como objetivo disminuir el efecto directo al calentamiento global, pero pueden suponer reducciones en la eficiencia energética de los sistemas de compresión de vapor, aumentado el efecto indirecto al calentamiento global. Para contrarrestar este efecto no deseado se pueden implementar una serie de mejoras energéticas a los sistemas de compresión de vapor que aumenten la eficiencia energética de los mismos.

Una posible mejora energética en los sistemas de compresión de vapor es la sustitución de los dispositivos de expansión isoentálpicos (válvulas de expansión) por dispositivos de expansión isoentrópicos (expansores). Los expansores permiten obtener energía en la expansión del fluido además de aumentar el salto entálpico en el evaporador, mejorando la eficiencia energética del sistema de compresión de vapor al aumentar la potencia frigorífica y disminuir el consumo eléctrico total del sistema. La incorporación de este tipo de elementos a los ciclos de compresión de vapor está empezando a ser investigada en la actualidad [30-33].

Otra posible implementación que se puede realizar en los ciclos de compresión de vapor con el fin de mejorar su desempeño energético es la incorporación de eyectores. Estos dispositivos pueden situarse en distintos lugares del ciclo de compresión de vapor [34-37], ya sea como sustitutos isoentrópicos de las válvulas de expansión isoentálpicas, o bien como sustituto del compresor en caso de disponer de una fuente de energía térmica, como pueden ser placas de captación solar térmica.

Por último, una de las posibles mejoras energéticas que se pueden incorporar al ciclo de compresión de vapor es el intercambiador de recalentamiento subenfriamiento. La influencia del intercambiador intermedio puede ser positiva o negativa para la eficiencia energética del sistema de compresión de vapor dependiendo del fluido utilizado en la instalación.

Usar un intercambiador de recalentamiento subenfriamiento en un ciclo simple de compresión de vapor puede tener efectos positivos o negativos en el desempeño energético de la instalación [38]. Los principales beneficios del intercambiador de recalentamiento subenfriamiento son incrementar el salto entálpico en el evaporador, subenfriar el refrigerante para asegurar la entrada de líquido en la válvula de expansión asegurando un buen funcionamiento de la misma, y minimizar el riesgo de presencia de líquido en la aspiración del compresor; por otra parte, las posibles desventajas que conlleva su uso son el incremento del volumen específico del refrigerante en la aspiración del compresor, disminuyendo el caudal de refrigerante proporcionado por el compresor, un incremento en la temperatura de descarga, pérdidas de carga en el circuito, y puede llegar a ser una trampa de aceite lubricante.

La influencia de adoptar un intercambiador intermedio en el COP ha sido estudiada de forma teórica varios autores. Aprea *et al.* [39], asumiendo un dispositivo adiabático sin caídas de presión, presentan un criterio que ha sido probado positivamente para distintos fluidos refrigerantes, como CFCs, HCFCs y HFCs. Domanski *et al.* [40, 41] y Kim *et al.* [42], usando un desarrollo similar y considerando condiciones de saturación en la salida del evaporador y del condensador, obtienen un criterio más elaborado. Este último criterio ha sido también usado por Klein *et al.* [43] considerando variaciones relativas en la capacidad frigorífica, concluyendo que despreciando el caudal másico de refrigerante el intercambiador de recalentamiento subenfriamiento resulta positivo para el desempeño energético de la instalación usando cualquier refrigerante. Teniendo en cuenta las variaciones en el caudal másico de refrigerante, concluye que la introducción de un intercambiador de recalentamiento subenfriamiento no tiene influencia en la potencia consumida por el compresor y presenta una correlación para la variación relativa de la potencia frigorífica. No obstante, Klein *et al.* [43] señala que las posibles ventajas del intercambiador de recalentamiento subenfriamiento se reducen debido a las pérdidas de carga que introduce el dispositivo. Mastrullo *et al.* [44] presentan los efectos producidos por un intercambiador de recalentamiento subenfriamiento en un ciclo de refrigeración considerando distintos fluidos un gráfico de uso simple para la verificación de la efectividad de instalar el intercambiador.

Desde un punto de vista experimental, Kim [45] evalúa los beneficios de introducir un intercambiador de recalentamiento subenfriamiento en el ciclo simple de compresión de vapor en un banco de ensayos utilizando R22, R134a, R407C y R32/R134a (30/70%), obteniendo resultados positivos en el COP para todos los fluidos utilizados. Otros autores [46] analizan la influencia del intercambiador de recalentamiento subenfriamiento usando R744 como fluido de trabajo en sistemas de aire acondicionado móvil, donde la presencia del intercambiador intermedio tiene una gran influencia en la eficiencia energética. Finalmente, Navarro-Esbrí *et a.* [47] estudian la incidencia del intercambiador de recalentamiento subenfriamiento experimentalmente en una planta con ciclo simple de compresión de vapor usando R22, R134a y R407C. La influencia del intercambiador intermedio en sistemas de compresión de vapor utilizando los nuevos fluidos fluorados de bajo GWP aún no ha sido estudiada.

2.3 ALTERNATIVAS CON BAJO POTENCIAL DE EFECTO INVERNADERO

Con ésta constante evolución en materia medio ambiental, se pone de manifiesto la importancia de adoptar medidas en los diferentes sectores generadores de emisiones antropogénicas de forma que se contribuya al cumplimiento de los protocolos y reglamentaciones nombrados.

Todo este entorno de preocupación medioambiental para los fluidos utilizados en los sistemas de compresión de vapor ha llevado a la comunidad científica, y a los fabricantes de fluidos de trabajo, hacia la búsqueda y evaluación de alternativas con PAO=0 y PCM lo más bajo posible. En la Fig. 2.7 se puede observar el PAO y PCM de los principales fluidos refrigerantes usados hasta la fecha.

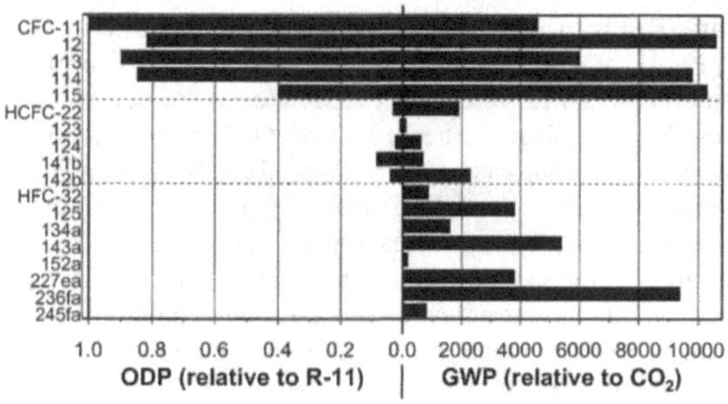

Fig. 2.7. PAO y PCM de los fluidos refrigerantes tradicionales [48].

En los últimos años debido a la creciente presión por abordar el problema del calentamiento global, la Directiva Europea de gases fluorados (European F-gas Directive) se ha enfocado en disminuir en un mínimo de 10 veces el PCM (GWP) para los nuevos refrigerantes, y bajo la regulación (EC) No. 842/2006 directiva 2006/40/EC, el R134a (con un GWP = 1430) será remplazado por nuevas alternativas en los nuevos modelos de automóvil que entren al mercado en los países de la unión europea (UE) a partir de enero de 2011 y concluyendo en 2017. Además, la tendencia apuntada en esta Directiva puede resultar finalmente extendida en otras aplicaciones como sistemas de climatización estacionarios y aplicaciones de refrigeración.

2.3.1 R134A EN LA PRODUCCIÓN DE FRÍO

El R134a surgió, como sustituto no inflamable y no tóxico del R12 (Fig. 2.8, Tabla 2.1) en equipos de refrigeración que operan en el intervalo de temperatura media y alta [49]. También es un sustituto común del R11 en enfriadoras centrífugas, así como un sustituto del R22 en algunas aplicaciones, como por ejemplo en aplicaciones de frío comercial a temperaturas "positivas" para enfriadoras de tornillo y centrífugas con evaporadores inundados.

Tabla 2.1. Principales propiedades del R12 y R134a.

Parámetros	**R12**	**R134a**
Puntos de ebullición normal (P=0,1MPa) (°C)	-29.8	-26.5
Punto de congelación (°C)	-158	-101.1
Temperatura crítica (°C)	122	101.15
Presión Crítica (MPa)	411	4.06
Presión de succión a -15 °C (MPa)	0.182	0.164
Presión de descarga a 50°C (MPa)	1.22	1.32
Potencial de Agotamiento del Ozono, ODP	1	0
Potencial de Calentamiento Global, GWP	2,400	1,300

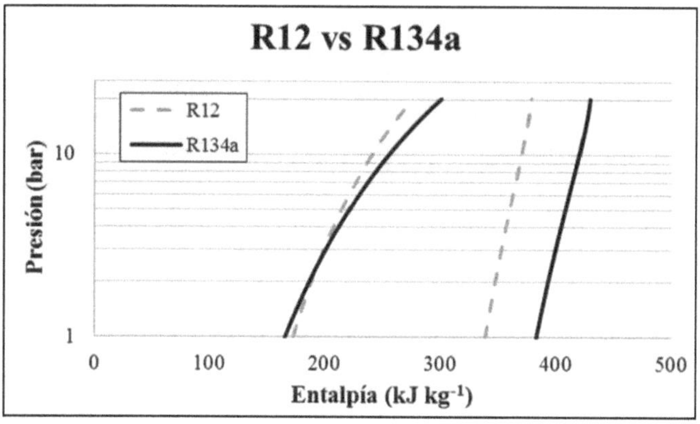

Fig. 2.8. Comparación entre el R12 y el R134a.

De forma general se puede decir que el R134a sustituye al R12 en equipos de aire acondicionado de automóviles, refrigeración comercial en aplicaciones de media y alta temperatura, en refrigeración doméstica, y en cámaras de frío a temperaturas positivas para medios de transporte refrigerados.

En el sector industrial el R134a se utiliza en aplicaciones donde se requieren compresores centrífugos de gran potencia. También se utiliza en enfriadoras con compresores de tornillo.

Para el caso de refrigeración comercial tenemos aplicaciones de media temperatura (con temperaturas de evaporación desde -20°C hasta +7°C) de procesos químicos, líneas de producción de derivados lácteos, máquinas expendedoras, enfriadoras de bebida, deshumidificadores, almacenamiento en cámaras refrigeradas, exhibidores refrigerados, etc.

En aire acondicionado en automóviles, hasta el momento se ha utilizado el refrigerante R134a, que substituyó al R12 aunque su rendimiento era menor. Es el refrigerante que actualmente utilizan los fabricantes de automóviles, aunque como consecuencia de la actual legislación, va a ser remplazado en un futuro cercano por el R1234yf u otros fluidos de bajo PCM.

Otra aplicación en la que se está utilizando R134a es en sistemas en cascada con otros refrigerantes que tengan presión mayor a la atmosférica a bajas temperaturas. Es el caso del R134a para alta presión con CO_2 en baja presión (Fig. 2.9). Recientemente han aparecido aplicaciones con el R410A en baja presión debido a los elevados rendimientos con respecto a bajas temperaturas del R410A y a las características para trabajar con altas temperaturas de condensación del R134a, siendo capaz de trabajar a temperaturas a las que no se puede llegar utilizando tan sólo un ciclo frigorífico. Con los ciclos en cascada se pueden cubrir necesidades de calefacción, refrigeración y agua caliente sanitaria que pueden tener instalaciones como hoteles, hospitales, escuelas o edificios particulares.

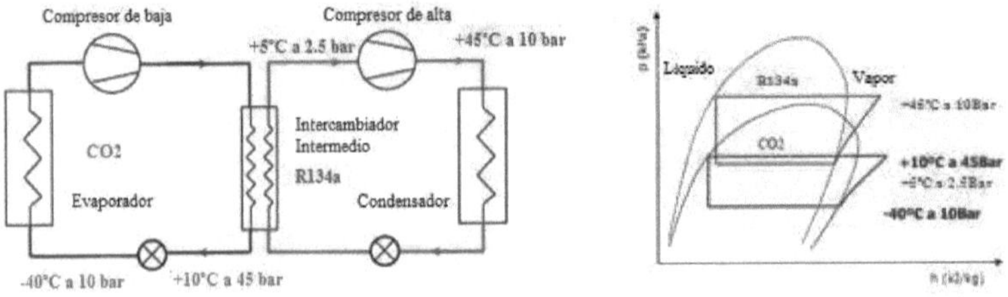

a) Esquema *b) Diagrama Ph*

Fig. 2.9. Sistema en cascada con R134a y R744.

2.3.2 CANDIDATOS ACTUALES CON BAJO PCM

Como ya hemos apuntado anteriormente, existe la necesidad de encontrar fluidos refrigerantes alternativos al R134a que cumplan con una serie de requisitos medioambientales; concretamente, deben ser inocuos hacia la capa de ozono y tener un potencial de calentamiento mundial lo más bajo posible.

En líneas generales, las soluciones apuntadas y las investigaciones de la comunidad científica han optado por varias líneas de acción:

- Insistencia en el resurgimiento de algunos refrigerantes naturales, en especial el R744 (CO_2) cuyo PCM=1 y por lo tanto con un efecto invernadero mucho menor que cualquier otro refrigerante. Gran cantidad de estudios están en marcha, con la intención de mejorar la eficiencia energética y las condiciones de operación. Otro de los refrigerantes naturales a considerar es el amoniaco (R717), sustancia inflamable y tóxica, pero con buenas propiedades termodinámicas para su uso como refrigerante en sistemas de compresión de vapor.

- El uso de mezclas de hidrocarburos como el propano (R290), butano (R600) e isobutano (R600a), aprovechando su fácil disposición en la naturaleza. Se han obtenido buenos resultados en comparación con el R134a en un amplio rango de condiciones. Lo que frena la implantación en refrigeración es su inflamabilidad.

- El uso de fluidos sintéticos y mezclas entre estos. DuPont y Honeywell han completado los test con R1234yf, un refrigerante que llega a un compromiso entre bajo efecto invernadero, alta eficiencia energética y media-baja peligrosidad. Otros fluidos sintéticos con bajo potencial de efecto invernadero son el R152a, el R32 y el R1234ze.

El principal problema que presenta los refrigerantes mencionados arriba es en referencia a su seguridad. En la Tabla 2.2 se recoge los valores de las alternativas más viables al refrigerante R134a. La clasificación en cuanto a la inflamabilidad de los refrigerantes es la propuesta por la Organización Internacional para la Estandarización (ISO). Se trata también la toxicidad según ATEL, que es un valor utilizado por las organizaciones de normalización (por ejemplo, ASHRAE 34) para reducir los riesgos de toxicidad aguda en los espacios normalmente ocupados. Se puede apreciar que el efecto sobre la capa de ozono para cada uno de ellos es nulo, y el PCM es inferior al límite establecido por la Directiva Europea para aire acondicionado móvil (150.

Tabla 2.2. Posibles alternativas al refrigerante R134a.

	ODP=0	IPCC(2001) GWP<150	Seguridad Categoría	Tiempo de vida (años)	Toxicidad (ppm)
HFC-134a	*0*	*1410*	*A1*	14	*50000*
HFC-152a	0	122	A2	1.4	50000
HC-290	0	20	A3	<1	50000
HC-600a	0	20	A3	<1	25000
R744	0	1	A1	30-50% se estima >100	-
R1234yf	0	4	A2L	<0.05	101000

Actualmente hay diversidad de opiniones sobre cuál será el refrigerante con PCM<150 que se imponga. A continuación se presenten los resultados de la revisión bibliográfica realizada para determinar el estado de las investigaciones en cada uno de los posibles fluidos refrigerantes alternativos de bajo GWP para la sustitución del R134a.

2.3.2.1 REFRIGERANTES NATURALES

Dos son los principales refrigerantes naturales que se perfilan como alternativas al uso del R134a en sistemas de compresión de vapor: el amoniaco (R717) y el dióxido de carbono (R744). A continuación analizaremos las principales propiedades de estos refrigerantes y el estado del arte en relación a la posibilidad de sustituir al R134a en sistemas de refrigeración y aire acondicionado.

El amoniaco ha sido usado, y se sigue usando, ampliamente en sistemas de refrigeración industrial. Ha sido propuesto recientemente para su uso en aplicaciones como enfriamiento de agua en sistemas de aire acondicionado, aunque no ha recibido una buena aceptación en este campo. Los problemas que presenta el amoniaco para su uso en sistemas de refrigeración y climatización comerciales y domésticos son su inflamabilidad y toxicidad.

La cantidad máxima de carga de amoniaco en un sistema de refrigeración está controlada [50]. Si esta carga es superada, y así ocurre en muchas aplicaciones, se aplican restricciones en la localización de los equipos y se requieren de sistemas de detección de fugas. Otros requisitos de seguridad, como por ejemplo sistemas de ventilación de emergencia [51], también pueden ser necesarios.

Por otra parte, las instalaciones que utilizan amoniaco no requieren detectores de gas para evitar problemas de toxicidad, ya que el fuerte olor de este refrigerante avisa de su presencia por debajo de concentraciones peligrosas. Además, los más de 100 años de experiencia en el uso de este refrigerante en la industria hacen que se haya producido un refinamiento y un claro entendimiento en las precauciones a tener en cuenta cuando se utiliza en sistemas de refrigeración por compresión de vapor. Siempre que se cumplan estas directrices en cuanto a seguridad, los sistemas de refrigeración que utilicen amoniaco pueden ser eficientes y viables.

Las propiedades termodinámicas del amoniaco lo convierten en un excelente refrigerante [52]. Tiene un gran calor latente, lo que conlleva un alto valor de capacidad frigorífica específica por unidad de caudal másico, mayor que cualquier otro refrigerante usado tradicionalmente en los sistemas de compresión de vapor. La baja densidad del amoniaco conlleva un aumento del tamaño del compresor, aunque su elevado calor latente hace que la capacidad frigorífica volumétrica sea prácticamente idéntica a la de los HFCs. El amoniaco tiene una temperatura crítica alta, lo que lo hace apropiado para trabajar a altas temperaturas ambientales. Además, las propiedades del amoniaco permiten el uso de velocidades altas para el diseño de tuberías y válvulas sin incurrir en pérdidas de carga excesivas. Así mismo, esta característica también tiene implicaciones en el diseño del compresor, donde las pérdidas de eficiencia en las válvulas de admisión y descarga son menores [53].

Los sistemas de refrigeración que utilizan amoniaco como fluido refrigerante se caracterizan por su alta eficiencia, con valores de COP altos [54]. Esto se debe a que las pérdidas debidas a la irreversibilidad en el proceso de expansión son función de la presión reducida, que para el caso del amoniaco presenta valores muy bajos, considerablemente menores que para el resto de refrigerantes utilizados de forma tradicional en los sistemas de compresión de vapor.

El amoniaco tiende a admitir una mayor contaminación, de agua o aceite lubricante, que los refrigerantes fluorados [55], aunque por otra parte presenta incompatibilidad con algunos materiales usados típicamente en los sistemas de refrigeración, como el cobre.

Por otro lado, otro de los fluidos refrigerantes naturales que en los últimos años ha surgido como alternativa a los refrigerantes sintéticos es el dióxido de carbono (R744) [56, 57]. Su atractivo radica en su mínima contribución al efecto invernadero, junto con su nula inflamabilidad y toxicidad. Se trata de un fluido con mínimo impacto en el medio ambiente [58, 59], aunque aún requiere de un gran esfuerzo en investigación para solventar los problemas técnicos que hacen que cuente con eficiencias energéticas inferiores a las alcanzadas usando HFCs.

Desde el punto de vista termodinámico, destaca el valor alto de los coeficientes de transmisión de calor que se da en este refrigerante en la zona supercrítica [60], así como los altos niveles de presión y bajos volúmenes específicos, que permiten una reducción en el tamaño de los componentes. Las altas presiones de trabajo que requiere este refrigerante hacen que se requiera de equipo especial que soporten estas presiones de trabajo, implicando una regulación especial [61].

Los resultados experimentales de prototipos en la industria del automóvil [62, 63] muestran que es posible alcanzar los niveles de eficiencia energética con respecto al R134a, pero por ahora esta comparación no puede ser extendida a otras aplicaciones. Se están realizando trabajos de investigación en otros sectores, como el de la refrigeración comercial [64], aire acondicionado [65], y bombas de calor [66], mientras que también se investiga en nuevas configuraciones del ciclo de compresión de vapor [67, 68] y nuevos elementos [69, 70].

2.3.2.2 HIDROCARBUROS

En los últimos años, han aparecido multitud de trabajos de investigación señalando las propiedades termodinámicas y de transporte de los hidrocarburos como fluidos de trabajo en sistemas de refrigeración [71, 72, 73, 74, 75]. Sin embargo, la principal desventaja que impide su aprovechamiento sigue siendo el alto índice de inflamabilidad que presentan.

Algunos de los hidrocarburos que se perfilan como fluidos de trabajo en los sistemas de compresión de vapor son el propano (R290), el propileno (R1270), el butano (R600), el iso-butano (R600a), el etano (R170) y mezclas de estos; todos ellos tienen un ODP nulo y un GWP muy bajo. Como alternativas al R134a resultan adecuados el R290 y el R600a.

Algunos autores, Domanski *et al.* [76] y Shin *et al.* [77], han estudiado las prestaciones de los sistemas de refrigeración por compresión de vapor utilizando hidrocarburos como sustitutos al R134a. Los autores coinciden en señalar que las capacidades frigoríficas de los sistemas se ven reducidas al sustituir el R134a por hidrocarburos, siendo la reducción función de las condiciones de trabajo y el hidrocarburo sustituto; sin embargo, esta reducción en la capacidad frigorífica viene acompañada por una reducción en el consumo eléctrico del compresor, con lo cual se obtienen incrementos en el COP. Además, el uso de hidrocarburos requiere de una menor cantidad de refrigerante en el sistema, lo que reduce la problemática relacionada con la inflamabilidad de este tipo de refrigerantes.

Una de las líneas de investigación encaminadas a solventar el problema de la inflamabilidad de los hidrocarburos es el uso de mezclas entre hidrocarburos y refrigerantes sintéticos. En este sentido, Kim *et al.* [78] evaluaron las prestaciones de un sistema de compresión de vapor con el uso de dos mezclas: R290/R134a (45%/55%/) y R134a/R600a (80%/20%). De los resultados experimentales observaron que la mezcla de R134a/R600a proporcionó un COP ligeramente mayor que los refrigerantes puros, destacando una disminución considerable en los índices de inflamabilidad en comparación con los hidrocarburos en estado puro.

Por otra parte, y también buscando solucionar el problema de la inflamabilidad de los hidrocarburos, algunos autores han optado por el diseño de sistemas de dimensiones reducidas, reduciendo la carga total de refrigerante [79, 80]. Para conseguir estas reducciones en el tamaño de los sistemas se ha investigado en el uso de intercambiadores de placas [81] e intercambiadores de calor de mini y micro canales [82] usando hidrocarburos.

2.3.2.3 Refrigerantes sintéticos con bajo PCM

Además de los refrigerantes naturales, como el dióxido de carbono, el amoniaco y los hidrocarburos, existen refrigerantes sintéticos con nulo ODP y bajo GWP. Los más representativos son el R152a, el R32 y el R1234yf. Este último será desarrollado en el siguiente apartado al tratarse de una de las alternativas comercialmente disponibles con más peso para sustituir al R134a.

El R152a ha sido usado durante varios años como componente de algunas mezclas de refrigerantes fluorados, aunque su utilización como refrigerante por sí mismo no ha sido común [83]. Se trata de un HFC con nulo ODP y un GWP (140) bajo comparado con el del R134a [84]. Es muy parecido al R134a en cuanto a capacidad volumétrica específica y niveles de presión, mientras que la eficiencia energética del ciclo usando este fluido, el caudal másico y la densidad del vapor son incluso más favorables que los del R134a [85 – 89]. El R32 también tiene nulo ODP y bajo GWP, junto con una eficiencia energética y capacidad frigorífica altas. También está presente en varias mezclas de refrigerantes. Sin embargo, el principal problema de ambos refrigerantes es su inflamabilidad, que conlleva que el sistema tenga que adaptarse a la regulación para refrigerantes inflamables [84]. Para su uso en aplicaciones como aire acondicionado en automóviles requieren de sistemas secundarios de refrigeración [90], con algunas ventajas en coches pequeños y climas cálidos [91, 92].

Las hidrofluoroolefinas, HFO son una alternativa de fluidos sintéticos en desarrollo entre los cuales se están evaluando distintos fluidos. [93, 94]

El R1234yf se está evaluando como sustituto directo del R134a, con su aplicación principal en la industria automovilística y el aire acondicionado. Este es un refrigerante ya disponible comercialmente y profundizamos su estudio en el apartado siguiente.

El R1234ze se está estudiando como sustituto del R134a en enfriadoras centrífugas, tiene un GWP de 6 gracias a su corta vida en la atmosfera y tiene una clasificación ASHRAE como de baja toxicidad clase A2L. Este refrigerante también está disponible comercialmente.

El R1233zd es un nuevo fluido, todavía no comercializado, que se está evaluando como sustituto al R123 y al R134a, en enfriadoras centrífugas y aplicaciones de alta temperatura, con un GWP inferior a 5. Actualmente no está disponible comercialmente.

Adicionalmente, se están estudiando mezclas de HFO de las cuales solo disponemos de su denominación comercial Solstice, y que están actualmente en desarrollo por Honeywell. Dentro de estas mezclas sólo se dispone de la información facilitada por Honeywell. En ellas destacamos el compuesto Solstice N13, con comportamiento muy similar al R134a, y uso previsto para enfriadoras y sistemas de media temperatura, con un GWP aproximado de 600 y una clasificación según ASHRAE A1.

Otras mezclas de la serie Solstice que se proponen como alternativas de futuro a la familia HFC son:

- Solstice N20, pensada para refrigeración y aire acondicionado, con comportamiento muy similar al R-22 y R407C, un GWP de en torno a 1000 y una clasificación según ASHRAE A1.

- Solstice N12, se está estudiando para su uso en aplicaciones de enfriadoras centrífugas a baja presión y bombas de calor, con un GWP de 7 y clasificado como no inflamable.

- Solstice L20, es similar al N20 en cuanto a aplicaciones y comportamiento, pero presenta un GWP considerablemente más bajo, inferior a 350, y una clasificación según ASHRAE A2L.

- Solstice N40 es un sustituto al R404A, con un GWP en torno a 1300, y con una mejor eficiencia que el R404A. Su uso es para media y baja temperatura en sistemas de refrigeración. Su clasificación según ASHRAE es A1.

- Solstice L40 es similar en cuanto a sus aplicaciones al N40, siendo también sustituto del R404A, presentando eficiencias mejores que el R404A pero presentando un GWP más bajo en torno a 300 y una clasificación ASHRAE es A2L.

- Y por último, también está siendo desarrollada para substituir al R410A el Solstice L41, mezcla con rendimientos y comportamiento similar al R410A, con un GWP inferior a 500 y ASHRAE es A2L.

En la Fig. 2.10 podemos ver de forma gráfica la clasificación de los distintos HFO en función del GWP y la capacidad frigorífica.

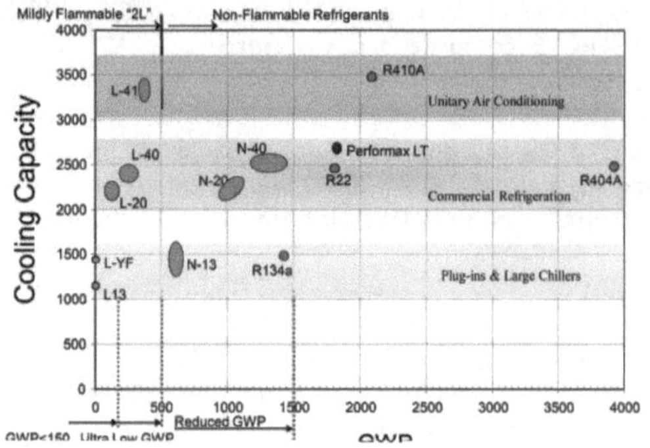

Fig. 2.10. Clasificación HFO en función de GWP [93].

2.4 R1234YF

Como se ha comentado, una alternativa tratada en el campo de la refrigeración "positiva" es el uso del R1234yf. A continuación se resume la situación actual de las investigaciones sobre este refrigerante.

El R1234yf no contiene cloro en su formulación, y por tanto tiene un ODP nulo [95], y su PCM es bajo, concretamente, de 4 [96, 97]. Sobre las características referentes a su seguridad, el R1234yf tiene una baja toxicidad, similar al R134a, e inflamabilidad media, significativamente menor que el R152a [98]. Analizando otros efectos medioambientales del R1234yf, en caso de que este refrigerante sea liberado en la atmósfera se transforma completamente en el ácido trifluoroacético (TFA). Las consecuencias previstas por algunos estudios [99, 100] sobre el uso de R1234yf muestran que las futuras emisiones de este refrigerante en la atmósfera no causarán un incremento significativo en las concentraciones de TFA en las precipitaciones en forma de lluvia.

Para el R1234yf son bien conocidas las propiedades termofísicas del refrigerante. Brown *et al.* [101] reúne los estudios de mayor relevancia presentados hasta el momento y compara las propiedades presentadas por cada uno.

Las propiedades termodinámicas del R1234yf son similares a las presentadas por el R134a, como se muestra en la Tabla 2.3 y en la Fig. 2.11. Difieren en mayor grado las siguientes propiedades: el R1234yf tiene menor conductividad térmica del líquido, menos viscosidad del líquido y más densidad del vapor. En cuanto a la presión es ligeramente superior a temperaturas menores a 25°C y ligeramente inferior a temperaturas por encima de 60°C, lo que puede producir una menor tasa de compresión y una mejor eficiencia en el compresor en ciertas situaciones.

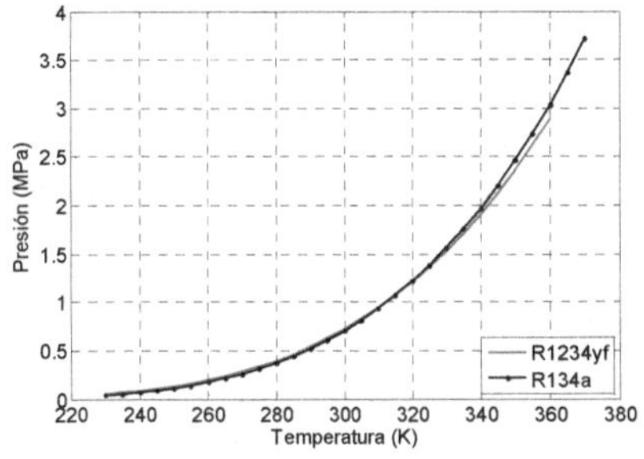

a) Presión de vapor

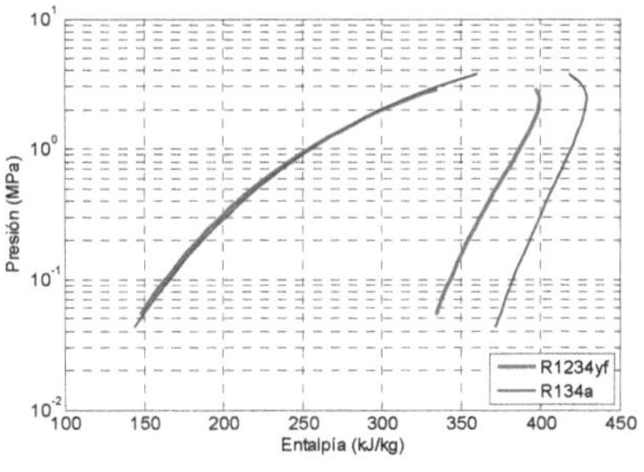

b) Diagrama P-h

Fig. 2.11. R1234yf y R134a.

Tabla 2.3. Propiedades termofísicas del R1234yf y del R134a.

Propiedad	R1234yf	R134a
Punto de ebullición (K)	244.15	247.15
Punto crítico (K)	368.15	375.15
Presión de evap. a 298.15 K (MPa)	0.677	0.665
Presión de cond. a 353.15 K (MPa)	2.44	2.63
Densidad del líquido a 298.15 K (kg/m^3)	1094	1207
Densidad del vapor a 298.15 K (kg/m^3)	37.6	32.4
Viscosidad del líquido a 298.15 K (μPa/s)	155.45	194.89
Viscosidad del vapor a 298.15 K (μPa/s)	12.291	11.693
Conductividad térmica del líquido a 298.15 K (mW/m K)	63.585	81.134
Conductividad térmica del vapor a 298.15 K (mW/m K)	13.966	13.825
Calor específico del líquido a 298.15 K (kJ/kg Kg)	1.3921	1.4246
Calor específico del vapor a 298.15 K (kJ/kg Kg)	1.0533	1.0316

Por otra parte, para la comprobación de la viabilidad de la sustitución del R134a por el R1234yf, se han realizado estudios sobre la condensación [102, 103] y la evaporación [104, 105, 106], que permiten un mejor diseño de los intercambiadores del ciclo de compresión de vapor.

Se pueden encontrar distintos trabajos de investigación que presentan de forma teórica la viabilidad de una sustitución directa (o con ligeras modificaciones) de R134a por R1234yf [107], estando la mayoría de ellos basados en sistemas de aire acondicionado automotriz. Lee *et al.* [108] miden teóricamente el desempeño de un "drop-in" (sustitución directa de un refrigerante, en este caso R134a) de R1234yf en un banco de ensayos y examinan la posibilidad de sustituir al R134a en sistemas de aire acondicionado automotriz. Zilio *et al.* [109] experimentan con R1234yf en un aire acondicionado automotriz europeo típico de R134a con algunas modificaciones. Bryson *et al.* [110] prueban un sistema de aire acondicionado automotriz usando los refrigerantes R152a y R1234yf para reemplazar al R134a.

Como se ha comentado, en otras aplicaciones de refrigeración y aire acondicionado también hay una tendencia en el uso de refrigerantes de bajo GWP, y posiblemente la legislación motivará un mayor uso de este tipo de refrigerantes. En concreto, se ha estudiado la posibilidad de reemplazar el R134a y R410A, refrigerantes con un alto GWP, por otros refrigerantes de bajo GWP, siguiendo la línea establecida por la industria automovilística de sustituir a los refrigerantes de alto GWP. Reasor *et al.* [111] evalúan la posibilidad del R1234yf de ser un sustituto directo para un sistema diseñado previamente para R134a o R410A, comparando las propiedades termofísicas y simulando condiciones de funcionamiento. Leck [112] evalúa al R1234yf, junto con otros nuevos refrigerantes desarrollados por DuPont, como alternativas para varios refrigerantes con alto GWP. Endoh *et al.* [113] modifican el aire acondicionado de una habitación que usaba R410A para evaluar al R1234yf, calculando la capacidad del ciclo. Okazaki *et al.* [114] estudian el desempeño de un aire acondicionado, inicialmente diseñado para R410A, usando R1234yf y mezclas de R32/R1234yf. Navarro-Esbrí *et al.* [115] estudian experimentalmente la viabilidad del R1234yf como sustituto directo al R134a en un sistema de compresión de vapor en un amplio rango de condiciones de trabajo.

En estos estudios, se concluye que, ante una sustitución directa de R134a por R1234yf, el sistema presenta un COP (Coefficient of Performance), carga frigorífica y rendimiento del compresor ligeramente inferiores para el R1234yf que para el R134a. Por otra parte, la temperatura de descarga es considerablemente inferior para el R1234yf que para el R134a, produciendo efectos beneficiosos en el compresor y en el ciclo frigorífico. Además, se concluye que se pueden introducir modificaciones en los sistemas que eleven los parámetros energéticos hasta niveles iguales, o incluso superiores, a los del R134a.

2.5 Conclusiones del capítulo

En este capítulo, se ha realizado una revisión del estado del arte comenzando con la evolución que han experimentado los fluidos frigorígenos en los ciclos de compresión de vapor.

Posteriormente se ha estudiado la evolución de la problemática medioambiental asociada a los refrigerantes. Comenzamos revisando los efectos nocivos sobre la capa de ozono que se descubrieron en la década de los 80 para, posteriormente, analizar el efecto invernadero que causa el calentamiento global, problema que se descubrió en la década de los 90.

Se han visto los fluidos que se han propuesto actualmente como alternativa de bajo GWP. Las soluciones apuntadas se basan en los refrigerantes naturales, en el uso de hidrocarburos y sus mezclas y en la utilización de refrigerantes sintéticos y mezclas de estos.

En concreto, se han estudiado como refrigerantes sintéticos de bajo GWP las hidrofluoroolefinas HFO. Actualmente se conocen el R1234yf y R1234ze, así como otros fluidos y mezclas de estos actualmente en desarrollo con la denominación comercial de Solstice.

Se ha centrado el estudio en fluidos de sustitución directa al R134a, donde destaca el R1234yf, del que se han revisado los estudios realizados y sobre el cual versa la presente tesis.

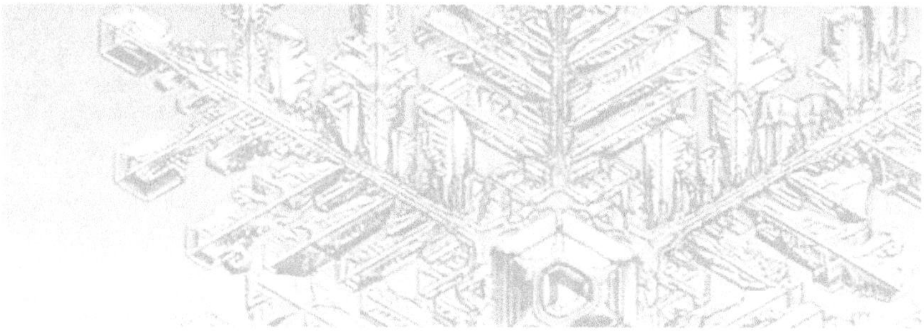

CAPÍTULO 3.

ANÁLISIS TEÓRICO

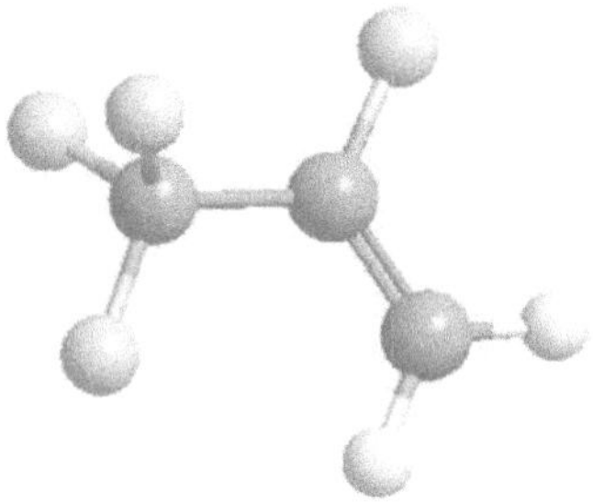

CAPÍTULO 3

ANÁLISIS TEÓRICO

3.1 INTRODUCCIÓN

En este capítulo se va a efectuar un análisis teórico del funcionamiento del ciclo frigorífico de compresión de vapor con los refrigerantes R134a y R1234yf mediante el estudio del comportamiento esperado por ambos fluidos.

El objetivo fundamental es analizar con detalle los principales parámetros energéticos de operación esperados con los fluidos R1234yf y R134a, COP y EER. Para ello es necesario un estudio detallado de la potencia frigorífica, la potencia calorífica y la potencia mecánica necesaria para realizar la compresión. Con este objetivo, resulta necesario, a su vez, estudiar el caudal másico circulante y los saltos entálpicos existentes en el condensador, evaporador y compresor. Adicionalmente, se estudiará cómo se comporta la temperatura de descarga por la influencia que tiene en la durabilidad del compresor, el deterioro del aceite lubricante y los sistemas de recuperación de calor.

De este modo estructuraremos el capítulo empezando con el análisis del caudal másico de refrigerante y los saltos entálpicos existentes en el evaporador, condensador y compresor, para posteriormente estudiar la potencia frigorífica en evaporador y en condensador y el comportamiento del compresor, así como su temperatura de descarga esperada. Finalmente, se procederá a analizar el rendimiento del ciclo como máquina frigorífica (EER) y como bomba de calor (COP).

Así mismo, dadas las características de los fluidos, se analizará también la influencia (desde un punto de vista teórico) del ciclo con Intercambiador de Recalentamiento Subenfriamiento (IRS), pues es un elemento que tiene especial interés por el distinto comportamiento energético que presenta el ciclo trabajando con R1234yf y R134a [116]. Como consecuencia de que la introducción de un IRS afecta sobre todos los parámetros estudiados con anterioridad, se repetirá el procedimiento anterior con la introducción de un IRS, analizando la influencia de su eficiencia.

Para poder estudiar el efecto de los parámetros de funcionamiento sobre el comportamiento esperado con R134a y R1234yf, se han realizado las siguientes consideraciones:

- Consideramos la temperatura de salida del evaporador como la temperatura de evaporación más el grado de recalentamiento, el cual se considera de 7 K.
- Despreciamos las pérdidas de presión del sistema, considerando dos presiones de funcionamiento, presión de evaporación y presión de condensación.
- Consideramos una compresión isoentrópica y sin pérdidas electromecánicas.
- Consideramos un rendimiento volumétrico ideal.
- Suponemos que no existen pérdidas de calor al ambiente.
- Se considera un grado de subenfriamiento en el condensador de 2 K.
- Consideramos la posibilidad de uso de un intercambiador de recalentamiento subenfriamiento con una eficiencia variable.
- Se considera el proceso de expansión isoentálpico.

En caso de que durante el desarrollo del análisis teórico sea necesario referirse a algún punto termodinámico del ciclo de compresión de vapor, la nomenclatura utilizada en el presente capítulo es la que se muestra en las Fig. 3.1 y Fig. 3.2, para los ciclos sin y con IRS respectivamente, mientras que la representación de los ciclos en el diagrama P-h se muestra en la Fig. 3.3.

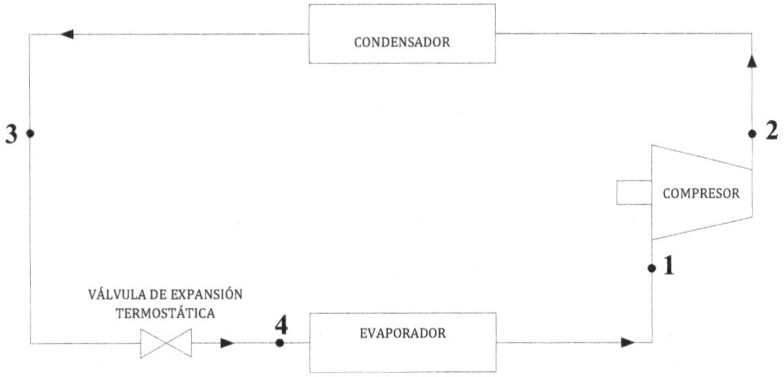

Fig. 3.1. Ciclo de compresión de vapor teórico sin IRS.

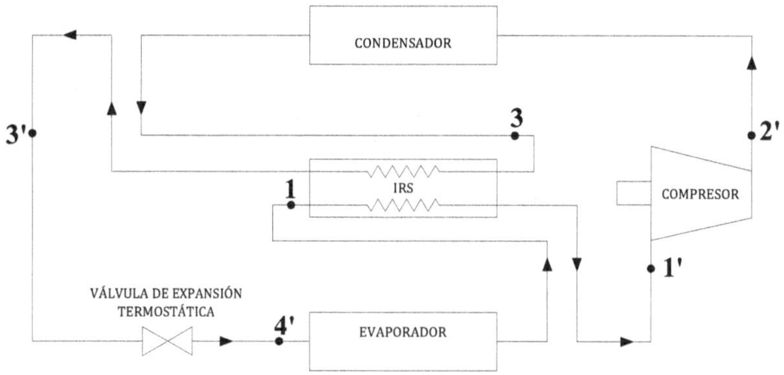

Fig. 3.2. Ciclo de compresión de vapor teórico con IRS.

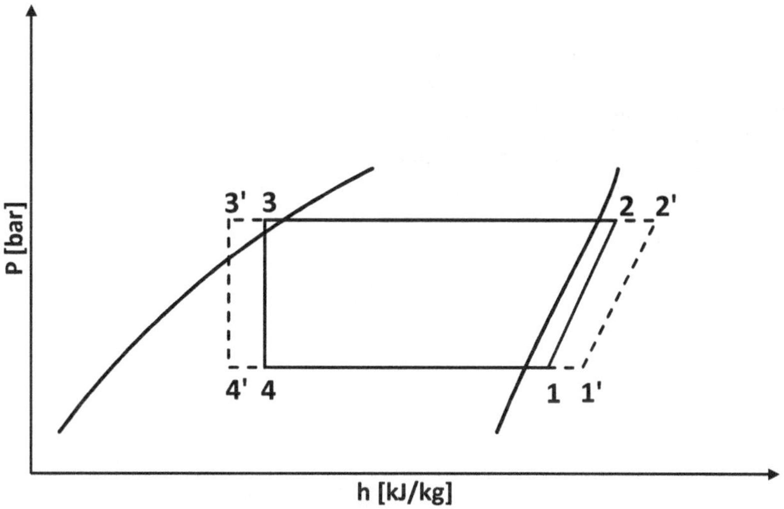

Fig. 3.3. Representación en el diagrama P-h de los ciclos de compresión de vapor teóricos.

Por último, indicar que el análisis teórico se llevará a cabo considerando diferentes temperaturas de evaporación (260 K, 270 K, 280 K) y diferentes temperaturas de condensación (310 K, 320 K, 330 K).Además, se considerará un compresor con un volumen geométrico de 681 cm^3, igual al del compresor que se tiene en la instalación experimental, funcionando con un régimen de giro en el compresor constante de 575 rpm (correspondiente al funcionamiento del motor a 50 Hz en la instalación experimental).

3.2 ANÁLISIS TEÓRICO DEL CAUDAL MÁSICO DE REFRIGERANTE

En primer lugar estudiaremos como varia el caudal másico de refrigerante con diferentes condiciones de operación en un ciclo teórico y como difiere utilizando R1234yf o R134a. El caudal másico de refrigerante tiene influencia en la potencia frigorífica, la potencia en el condensador y la potencia de compresión, por lo que merece un análisis previo para situar el estudio de estas potencias. A pesar de no tener efecto en el COP y en el EER, sí que hace que ambos fluidos tengan comportamientos diferenciados.

El caudal másico del refrigerante tiene la expresión que se muestra en la Ec. 3.1.

$$\dot{m}_{ref} = \rho_1 \cdot \eta_v \cdot V_G \frac{N}{60} \tag{3.1}$$

donde N es la velocidad de rotación del compresor en rpm, ρ_1 es la densidad del refrigerante en la aspiración del compresor, V_G es el volumen geométrico del compresor y η_v es el rendimiento volumétrico del compresor.

En el análisis teórico que estamos realizando el régimen de giro del compresor se considera constante a 575 rpm, el volumen geométrico del compresor se mantiene constante a 681 cm^3, y el rendimiento volumétrico del compresor se considera ideal y por tanto unitario. Así pues, las variaciones en el caudal másico de refrigerante sólo se verán influenciadas por las diferentes densidades en la aspiración del compresor. En ausencia del intercambiador de recalentamiento subenfriamiento, las densidades en la aspiración del compresor sólo dependerán de la temperatura de evaporación, ya que el grado de recalentamiento en el evaporador se considera constante e igual a 7 K.

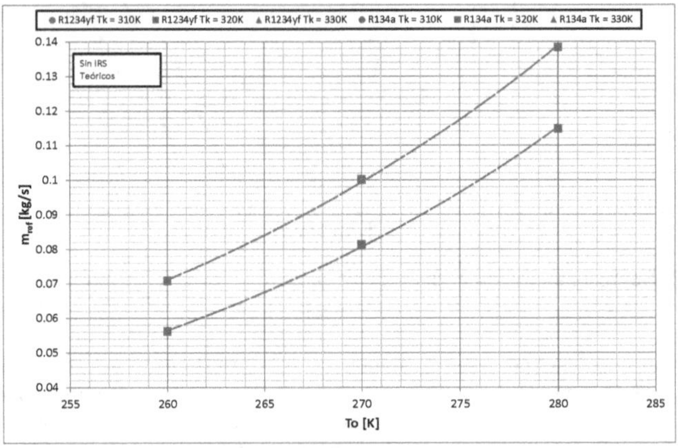

Fig. 3.4. Caudal másico de refrigerante en función de la temperatura de evaporación.

Observando la Fig. 3.4, se aprecia que, tal y como ya se había comentado, el caudal másico de refrigerante no depende de la temperatura de condensación y sólo depende de la temperatura de evaporación. La densidad del refrigerante en la aspiración del compresor, que es la que determina el caudal másico de refrigerante, aumenta conforme aumenta la temperatura de evaporación, tal y como se muestra en la Fig. 3.5.

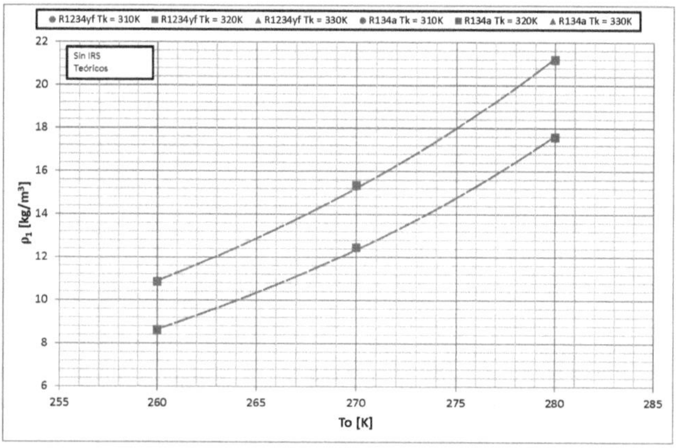

Fig. 3.5. Densidad de aspiración en función de la temepratura de evaporación.

Por otra parte, se comprueba que usando R1234yf el caudal másico de refrigerante siempre es mayor que para el caso del R134a como consecuencia de que el R1234yf presenta mayores densidades de aspiración para las mismas temperaturas de evaporación. Tal y como se muestra en la Fig. 3.4, la diferencia absoluta entre ambos refrigerantes, en cuanto al caudal másico de refrigerante, crece con la temperatura de evaporación. Sin embargo, en la Fig. 3.6 se observa como la diferencia relativa de caudales másicos y densidades de aspiración entre ambos refrigerantes, calculada tal y como se muestra en las Ec. 3.2 y Ec. 3.3, decrece ligeramente conforme aumenta la temperatura de evaporación. Las diferencias relativas entre ambos refrigerantes para el caudal másico son de 25.97%, 23.03% y de 20.55% para temperaturas de evaporación de 260 K, 270 K y 280 K, respectivamente.

$$\%\dot{m}_{ref} = \frac{\dot{m}_{ref,R1234yf} - \dot{m}_{ref,R134a}}{\dot{m}_{ref,R134a}} \quad (3.2)$$

$$\%\rho_1 = \frac{\rho_{1,R1234yf} - \rho_{1,R134a}}{\rho_{1,R134a}} \quad (3.3)$$

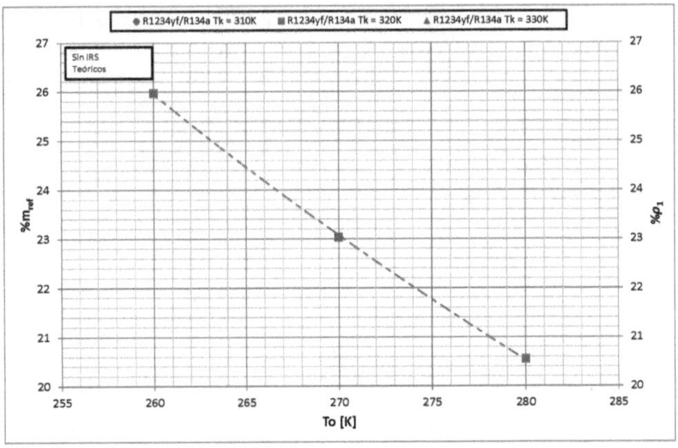

Fig. 3.6. Diferencia relativa del caudal másico de refrigerante y la densidad de aspiración entre ambos fluidos en función de la temperatura de evaporación.

Por otra parte, desde un punto de vista teórico, el caudal másico de refrigerante permanecerá constante al variar la temperatura de condensación, lo cual no sucederá en el comportamiento experimental, debido al rendimiento volumétrico del compresor.

3.3 Análisis teórico del salto de entalpías en el evaporador

A continuación vamos analizar cómo afectan las condiciones de funcionamiento al salto de entalpías en el evaporador, producción frigorífica específica, que junto con el caudal másico determinan la potencia frigorífica.

En base a la nomenclatura introducida, definimos el salto de entalpías en el evaporador según la Ec. 3.4.

$$\Delta h_o = h_1 - h_4 \tag{3.4}$$

La entalpía a la entrada del evaporador depende de la temperatura de condensación y del grado de subenfriamiento, ya que, al considerar la válvula de expansión isoentálpica, es igual a la entalpía a la salida del condensador. Por otro lado, la entalpía a la salida del evaporador depende de la temperatura de evaporación y del grado de recalentamiento considerado.

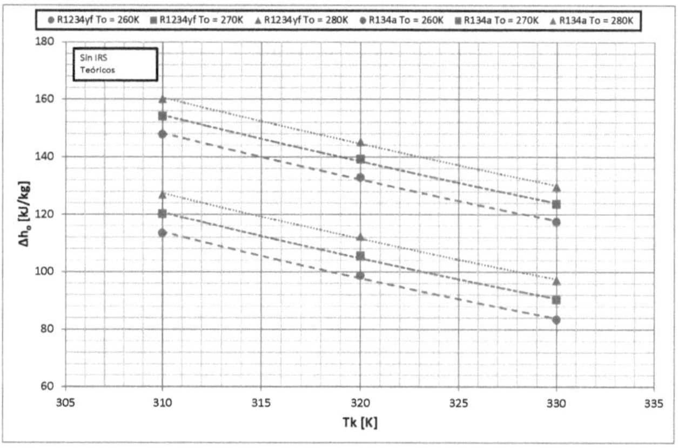

Fig. 3.7. Salto de entalpías en el evaporador en función de la temperatura de condensación.

En la Fig. 3.7 se observa como varía el salto de entalpías en el evaporador en función de la temperatura de condensación, considerando varias temperaturas de evaporación. Por una parte, se observa como el salto entálpico en el evaporador aumenta al aumentar la temperatura de evaporación, mientras que disminuye al aumentar la temperatura de condensación.

Adicionalmente, se observa un predominio del efecto de la temperatura de condensación sobre el de la temperatura de evaporación. Así, un aumento de 10 K en la temperatura de condensación supone una disminución en el salto entálpico en el evaporador de 14.63 kJ/kg y de 15.24 kJ/kg al pasar de temperaturas de condensación de 310 K a 320 K y de 320 K a 330 K, respectivamente, para el R1234yf. En el caso del R134a, estas mismas variaciones en la temperatura de condensación producen una disminución en el salto de entalpías en el evaporador de 14.92 kJ/kg y de 15.49 kJ/kg, respectivamente.

En cuanto a la temperatura de evaporación, se observa en la misma figura, Fig. 3.7, que un aumento de 10 K en la temperatura de evaporación supone un incremento en el salto entálpico en el evaporador de 6.88 kJ/kg y de 6.76 kJ/kg al pasar de temperaturas de evaporación de 260 K a 270 K y de 270 K a 280 K, respectivamente, para el R1234yf. De la misma forma, para el R134a, estas mismas variaciones en la temperatura de evaporación conllevan un aumento en el salto de entalpías en el evaporador de 6.27 kJ/kg y de 6.10 kJ/kg, respectivamente.

Por otro lado, se observa como el salto de entalpías entre la entrada y la salida del evaporador es mayor, en todas las condiciones de funcionamiento consideradas, para el R134a que para el R1234yf. Este comportamiento es debido a las distintas propiedades termodinámicas de ambos refrigerantes, tal y como se observa en la Fig. 3.8, donde se aprecia que la campana de saturación del R134a es más ancha que la del R1234yf, lo que comporta mayor calor latente de evaporación para el R134a que para el R1234yf.

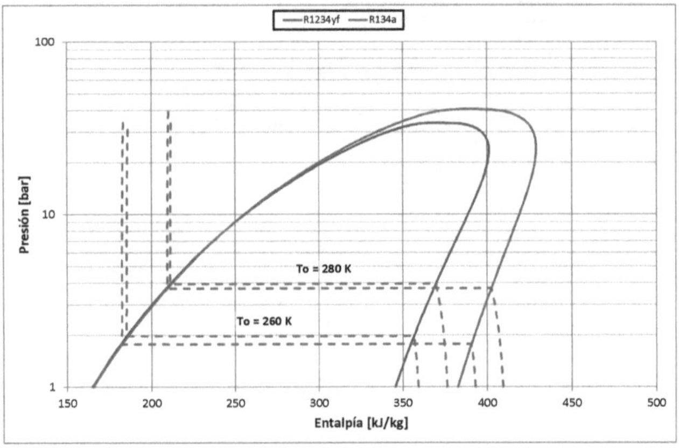

Fig. 3.8. Campanas de saturación e isotermas de ambos refrigerantes.

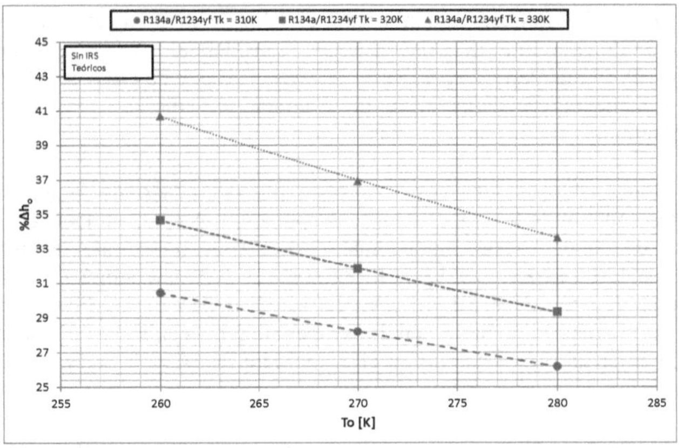

Fig. 3.9. Diferencia relativa del salto de entalpías en el evaporador entre ambos fluidos en función de la temperatura de evaporación.

En la Fig. 3.9 vemos como la diferencia relativa del salto de entalpías en el evaporador entre ambos fluidos, calculada tal y como se muestra en la Ec. 3.5, es mayor conforme aumenta la temperatura de condensación y disminuye la temperatura de evaporación. Al igual que ocurría anteriormente, tiene más influencia la temperatura de condensación. De esta forma, para una misma temperatura de condensación, la diferencia relativa en el salto de entalpías en el evaporador varía entre un 4.27% y 7.03% al variar la temperatura de evaporación. Por otro lado, para una misma temperatura de evaporación, la diferencia relativa en el salto de entalpías en el evaporador varía entre un 7.5% y un 10.25% al variar la temperatura de condensación. Dependiendo de las condiciones de funcionamiento, el salto de entalpías en el evaporador es entre 26.17% y 40.7% mayor para el R134a que para el R1234yf.

$$\%\Delta h_o = \frac{\Delta h_{o,R134a} - \Delta h_{o,R1234yf}}{\Delta h_{o,R1234yf}} \tag{3.5}$$

3.4 ANÁLISIS TEÓRICO DEL SALTO DE ENTALPÍAS EN EL CONDENSADOR

A continuación vamos a analizar cómo afectan las condiciones de funcionamiento al salto de entalpías en el condensador, el cual conjuntamente con el caudal másico define la potencia calorífica del ciclo.

Siguiendo con la misma nomenclatura introducida en este capítulo, definimos el salto de entalpías en el condensador según la Ec. 3.6.

$$\Delta h_k = h_2 - h_3 \tag{3.6}$$

La entrada del condensador se ha considerado igual a la descarga del compresor y, al suponer el proceso de compresión como isoentrópico, se calcula a partir de la entropía a la entrada del compresor y la presión de saturación a la temperatura de condensación. La entropía a la entrada del compresor depende a su vez de la temperatura de evaporación y del grado de recalentamiento. Por tanto, la entalpía a la entrada del condensador depende tanto de la temperatura de condensación como de la temperatura de evaporación. Por otro lado, la entalpía a la salida del condensador depende únicamente de la temperatura de condensación considera, ya que se calcula a partir de la presión de saturación a la temperatura de condensación y el grado de subenfriamiento considerado constante.

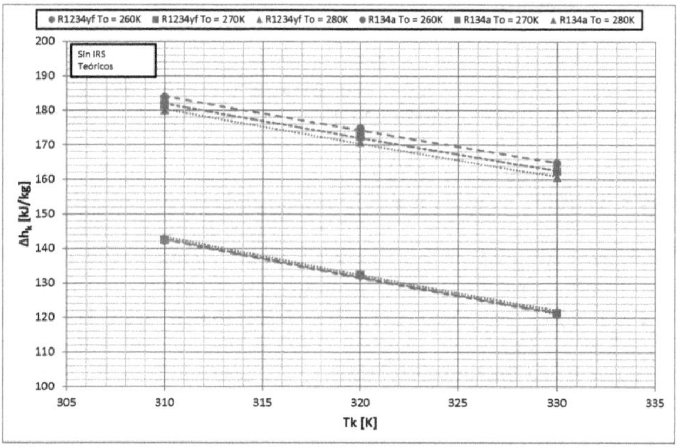

Fig. 3.10. Salto de entalpías en el condensador en función de la temperatura de condensación.

En la Fig. 3.10 se observa como varía el salto de entalpías en el condensador en función de la temperatura de condensación, considerando varias temperaturas de evaporación. Por una parte, se aprecia que el salto de entalpías en el condensador disminuye al aumentar la temperatura de condensación. Sin embargo, el efecto de la temperatura de evaporación en el salto de entalpías en el condensador difiere según el refrigerante considerado. Para el R1234yf, aumentar la temperatura de evaporación supone un aumento en el salto entálpico en el condensador, mientras que para el R134a supone una disminución en el salto entálpico en el condensador. Además, el efecto de la temperatura de evaporación es ligeramente superior para el R134a, con variaciones de entre 2.08% y 2.48%, mientras que para el R1234yf es de entre 0.61% y 0.76%. De todos modos, este efecto producido por la temperatura de evaporación es mucho menor que el producido por la temperatura de condensación, donde se dan variaciones de entre 11.57% y 12.01% para el R134a, y de entre 17.54% y 17.37% para el R1234yf.

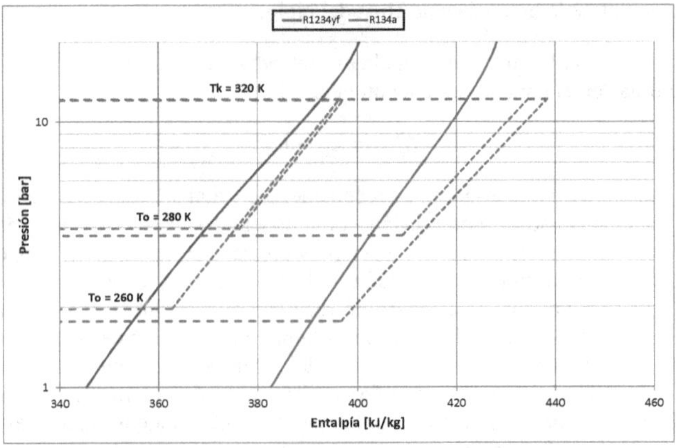

Fig. 3.11. Isoentrópicas para distintas temperaturas de evaporación.

El distinto comportamiento que presenta el salto de entalpías en el condensador al variar la temperatura de evaporación para ambos fluidos se puede explicar observando la Fig. 3.11. Considerando una misma temperatura de condensación, para el R1234yf temperaturas de evaporación menores hacen que el compresor descargue con menor entalpía, mientras que para el R134a se da el caso contrario. Este efecto se debe a que las curvas isoentrópicas del R134a están más abatidas que las del R1234yf.

Por otra parte, al igual que ocurría con el salto de entalpías en el evaporador, se observa como el salto de entalpías entre la entrada y la salida del condensador es mayor, en todas las condiciones de funcionamiento consideradas, para el R134a que para el R1234yf. En la Fig. 3.12 podemos observar como la campana de saturación más ancha del R134a hace que tenga mayor calor latente de condensación que para el R1234yf.

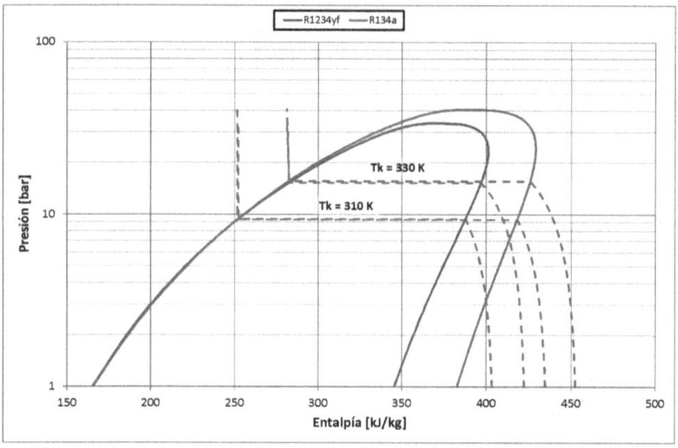

Fig. 3.12. Campanas de saturación e isotermas de ambos refrigerantes.

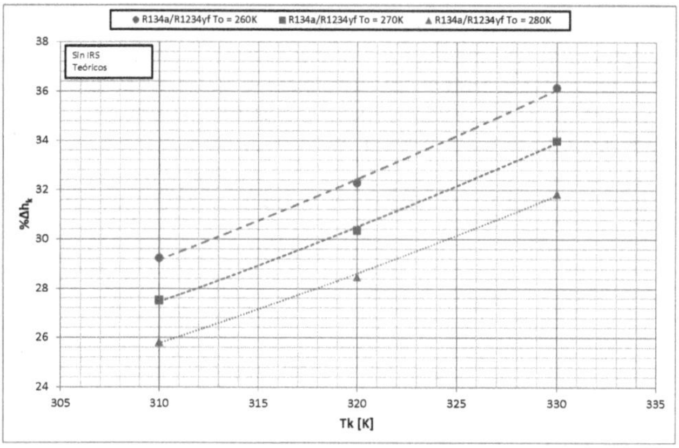

Fig. 3.13. Diferencia relativa del salto de entalpías en el condensador entre ambos fluidos en función de la temperatura de condensación.

En la Fig. 3.13 vemos como la diferencia relativa del salto de entalpías en el condensador entre ambos fluidos, calculada tal y como se muestra en la Ec. 3.7, es mayor conforme aumenta la temperatura de condensación y disminuye la temperatura de evaporación. Al igual que ocurría anteriormente, tiene más influencia la temperatura de condensación. Así, para una misma temperatura de condensación, la diferencia relativa en el salto de entalpías en el condensador varía entre un 3.4% y 4.3% al variar la temperatura de evaporación. Por otro lado, para una misma temperatura de evaporación, la diferencia relativa en el salto de entalpías en el condensador varía entre un 6.02% y un 6.92% al variar la temperatura de condensación. Dependiendo de las condiciones de funcionamiento, el salto de entalpías en el condensador es entre 25.82% y 36.15% mayor para el R134a que para el R1234yf.

$$\%\Delta h_k = \frac{\Delta h_{k,R134a} - \Delta h_{k,R1234yf}}{\Delta h_{k,R1234yf}} \tag{3.7}$$

3.5 ANÁLISIS TEÓRICO DEL SALTO DE ENTALPÍAS EN EL COMPRESOR

A continuación vamos a analizar cómo afectan las condiciones de funcionamiento al salto de entalpías en el compresor, el cual junto con el caudal másico definirán el consumo energético del mismo. Definimos el salto de entalpías en el compresor a partir de la Ec. 3.8.

$$\Delta h_c = h_2 - h_1 \tag{3.8}$$

La entalpía en la aspiración del compresor depende únicamente de la temperatura de evaporación, ya que consideramos un grado de recalentamiento constante. Por otra parte, la entalpía en la descarga del compresor se calcula a partir de la presión de saturación a la temperatura de condensación y la entropía a la entrada del compresor. Por tanto, la entalpía a la salida del compresor depende de la temperatura de condensación y la temperatura de evaporación.

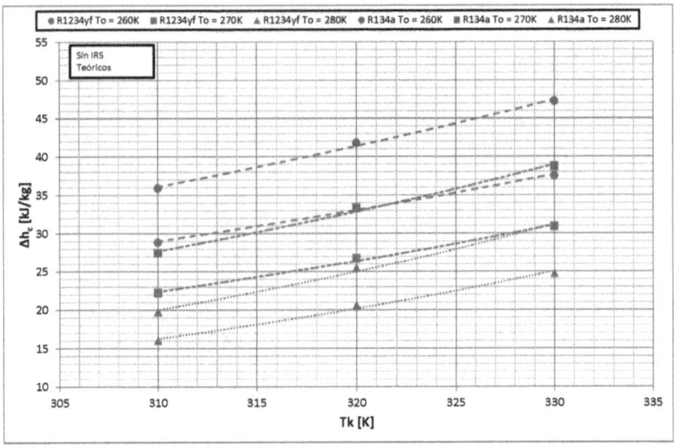

Fig. 3.14. Salto de entalpías en el compresor en función de la temperatura de condensación.

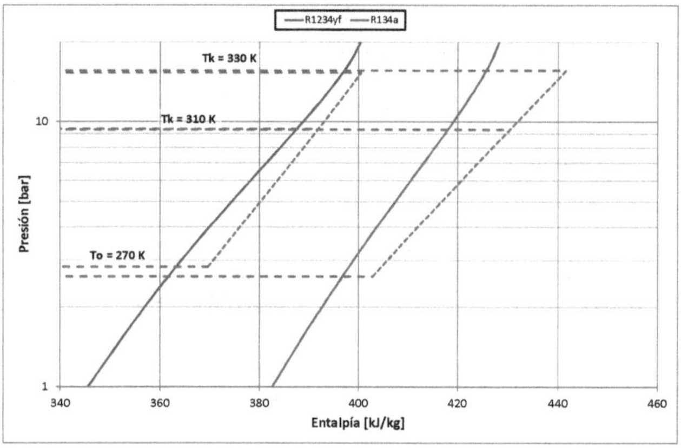

Fig. 3.15. Isoentrópicas para distintas temperaturas de condensación.

En la Fig. 3.14 se observa el salto de entalpías en el compresor a distintas temperaturas de condensación y evaporación para ambos fluidos. Por una parte, se aprecia que el salto de entalpías en el compresor aumenta conforme aumenta la temperatura de condensación y aumenta la temperatura de evaporación. Cabe destacar que pese a que este comportamiento es similar en ambos fluidos, y que tanto la temperatura de condensación como la de evaporación tienen un efecto similar en el salto de entalpías en el compresor, para el R134a el aumento en la temperatura de condensación produce incrementos mayores que para el R1234yf, tal y como se observa gráficamente en la Fig. 3.14. Esto es debido a que las curvas isoentrópicas del R134a están más abatidas que las del R1234yf, tal y como se observa en la Fig. 3.15. Este comportamiento también produce que el salto de entalpías en el compresor sea mayor, para unas condiciones de funcionamiento dadas, para el R134a que para el R1234yf.

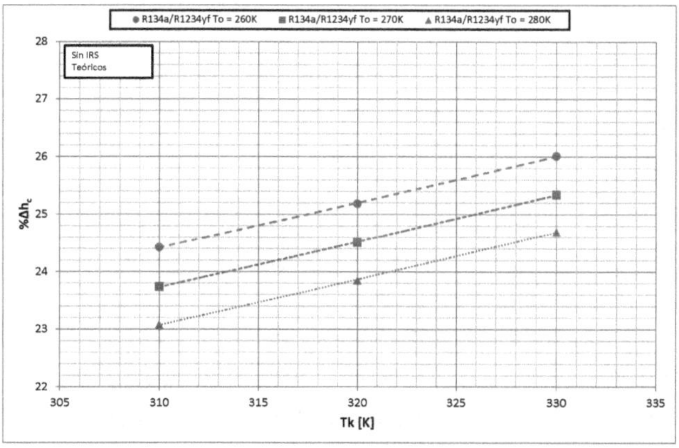

Fig. 3.16. Diferencia relativa del salto de entalpías en el compresor entre ambos fluidos en función de la temperatura de condensación.

En la Fig. 3.16 vemos como la diferencia relativa del salto de entalpías en el compresor entre ambos fluidos, calculada tal y como se muestra en la Ec. 3.9, es mayor conforme aumenta la temperatura de condensación y disminuye la temperatura de evaporación. Sin embargo, la diferencia relativa del salto de entalpías en el compresor entre ambos fluidos presenta variaciones muy bajas. Para una misma temperatura de condensación, la diferencia relativa en el salto de entalpías en el compresor varía entre un 1.32% y 1.35% al variar la temperatura de evaporación. Por otro lado, para una misma temperatura de evaporación, la diferencia relativa en el salto de entalpías en el compresor varía entre un 1.59% y un 1.62% al variar la temperatura de condensación. Dependiendo de las condiciones de funcionamiento, el salto de entalpías en el compresor es entre 23.08% y 26.01% mayor para el R134a que para el R1234yf.

$$\%\Delta h_c = \frac{\Delta h_{c,R134a} - \Delta h_{c,R1234yf}}{\Delta h_{c,R1234yf}} \tag{3.9}$$

3.6 ANÁLISIS TEÓRICO DE LA POTENCIA FRIGORÍFICA

A continuación analizaremos como afectan las condiciones de funcionamiento a la potencia frigorífica. La potencia frigorífica se calcula como el producto entre el caudal másico de refrigerante y la diferencia de entalpías entre la entrada y la salida del evaporador, tal y como indica la Ec. 3.10.

$$Q_o = \dot{m}_{ref}\Delta h_o = \dot{m}_{ref}(h_1 - h_4) \tag{3.10}$$

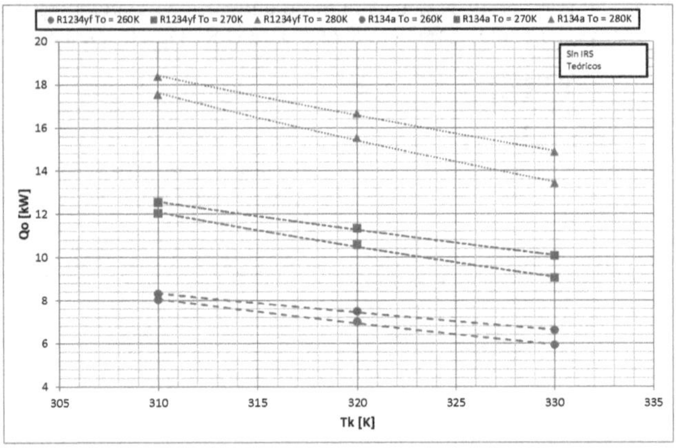

Fig. 3.17. Potencia frigorífica en función de la temperatura de condensación.

En la Fig. 3.17 se observa cómo afecta a la potencia frigorífica la temperatura de condensación y la temperatura de evaporación. Para temperaturas de condensación mayores se tienen menores potencias frigoríficas, mientras que para temperaturas de evaporación más altas se tienen mayores potencias frigoríficas. Este comportamiento se explica en base a lo explicado en apartados anteriores. Así, cuando analizamos el caudal másico de refrigerante vimos que temperaturas de evaporación más altas daban como resultado mayores caudales másicos de refrigerante, mientras que la temperatura de condensación no tenía ningún efecto en el mismo. Por otra parte, cuando analizamos el salto de entalpías en el evaporador vimos que temperaturas de evaporación más altas conllevaban un salto de entalpías en el evaporador más alto, mientras que mayores temperaturas de condensación resultaban en un salto de entalpías en el evaporador menor. Por tanto, a mayor temperatura de evaporación tendremos mayor caudal másico de refrigerante y mayor salto entálpico en el evaporador, dando como resultado una mayor potencia frigorífica. Por otra parte, a mayor temperatura de condensación tendremos menor salto entálpico en el evaporador para el mismo caudal másico de refrigerante, dando como resultado una menor potencia frigorífica.

Atendiendo a la comparativa entre el R1234yf y el R134a, vemos como, para unas mismas condiciones de funcionamiento, la potencia frigorífica es superior para el caso del R134a. En apartados anteriores veíamos como el salto de entalpías en el evaporador era superior para el R134a, mientras que el caudal másico de refrigerante era superior para el R1234yf. El mayor salto de entalpías en el evaporador del R134a ha predominado frente al mayor caudal másico de refrigerante del R1234yf, dando como resultado una potencia frigorífica superior para el R134a. Resulta interesante comentar que, para una misma temperatura de evaporación, la pendiente con la que disminuye la potencia frigorífica al aumentar la temperatura de condensación es ligeramente superior para el R134a.

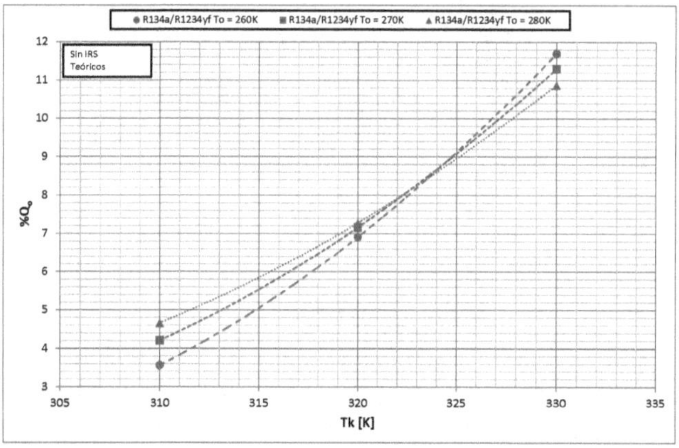

Fig. 3.18. Diferencia relativa de la potencia frigorífica entre ambos fluidos en función de la temperatura de condensación.

En la Fig. 3.18 vemos como la diferencia relativa de la potencia frigorífica entre ambos fluidos, calculada tal y como se muestra en la Ec. 3.11, es mayor conforme aumenta la temperatura de condensación. La temperatura de evaporación también tiene influencia, pero ésta es muy baja. Así, para una misma temperatura de condensación, la temperatura de evaporación produce variaciones de entre 0% y 1.11%, mientras que para una misma temperatura de evaporación, la temperatura de condensación produce variaciones de entre 6.22% y 8.14%. Además, el efecto de la temperatura de evaporación difiere según la temperatura de condensación. Así observamos que, para temperaturas de condensación bajas, aumentar la temperatura de evaporación supone un aumento de la diferencia relativa de la potencia frigorífica entre ambos fluidos. Sin embargo, a temperaturas de condensación mayores este efecto se suaviza, hasta llegar a un punto en que se hace nulo, a partir del cual una mayor temperatura de evaporación supone una disminución en la diferencia relativa de la potencia frigorífica entre ambos fluidos. Dependiendo de las condiciones de funcionamiento, la potencia frigorífica es entre 3.56% y 11.7% mayor para el R134a que para el R1234yf.

$$\%Q_o = \frac{Q_{o,R134a} - Q_{o,R1234yf}}{Q_{o,R1234yf}} \tag{3.11}$$

3.7 ANÁLISIS TEÓRICO DE LA POTENCIA CALORÍFICA

A continuación vamos a analizar cómo afectan las condiciones de funcionamiento a la potencia calorífica. La potencia calorífica es el producto entre el caudal másico de refrigerante y la diferencia de entalpías entre la entrada y la salida del condensador, tal y como se muestra en la Ec. 3.12.

$$Q_k = \dot{m}_{ref}\Delta h_k = \dot{m}_{ref}(h_2 - h_3) \tag{3.12}$$

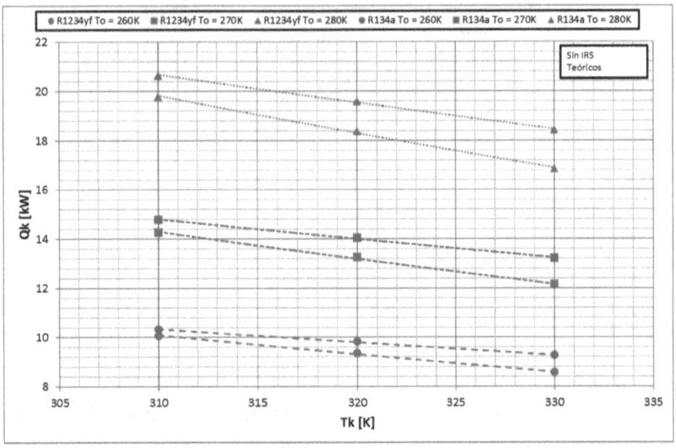

Fig. 3.19. Potencia calorífica en función de la temperatura de condensación.

De forma muy similar a como ocurría con la potencia frigorífica, en la Fig. 3.19 se observa cómo afecta a la potencia calorífica la temperatura de condensación y la temperatura de evaporación. Para temperaturas de condensación mayores se tienen menores potencias caloríficas, mientras que para temperaturas de evaporación más altas se tienen mayores potencias caloríficas. De forma análoga a lo que ocurría con la potencia frigorífica, este comportamiento se explica en base a lo explicado en apartados anteriores. Cuando analizamos el caudal másico de refrigerante vimos que temperaturas de evaporación más altas daban como resultado mayores caudales másicos de refrigerante, mientras que la temperatura de condensación no tenía ningún efecto en el mismo. Por otra parte, cuando analizamos el salto de entalpías en el condensador vimos que temperaturas de evaporación más altas conllevaban un salto de entalpías en el evaporador más alto para el R1234yf y más bajo para el R134a, mientras que mayores temperaturas de condensación resultaban en un salto de entalpías en el condensador menor. Por tanto, a mayor temperatura de evaporación tendremos mayor caudal másico de refrigerante y mayor salto entálpico en el condensador en el R1234yf, dando como resultado una mayor potencia calorífica, mientras que en el R134a el menor salto de entalpías en el condensador tiene menos peso que el mayor caudal másico de refrigerante, dando como resultado una mayor potencia calorífica. Por otra parte, a mayor temperatura de condensación tendremos menor salto entálpico en el condensador para el mismo caudal másico de refrigerante, dando como resultado una menor potencia calorífica.

Atendiendo a la comparativa entre el R1234yf y el R134a, vemos como para unas mismas condiciones de funcionamiento la potencia calorífica es superior para el caso del R134a. En apartados anteriores veíamos como el salto de entalpías en el condensador era superior para el R134a, mientras que el caudal másico de refrigerante era superior para el R1234yf. El mayor salto de entalpías en el condensador del R134a ha predominado frente al mayor caudal másico de refrigerante del R1234yf, dando como resultado una potencia calorífica superior para el R134a. Al igual que ocurría con la potencia frigorífica, resulta interesante comentar cómo, para una misma temperatura de evaporación, la pendiente con la que disminuye la potencia calorífica al aumentar la temperatura de condensación es ligeramente superior para el R134a.

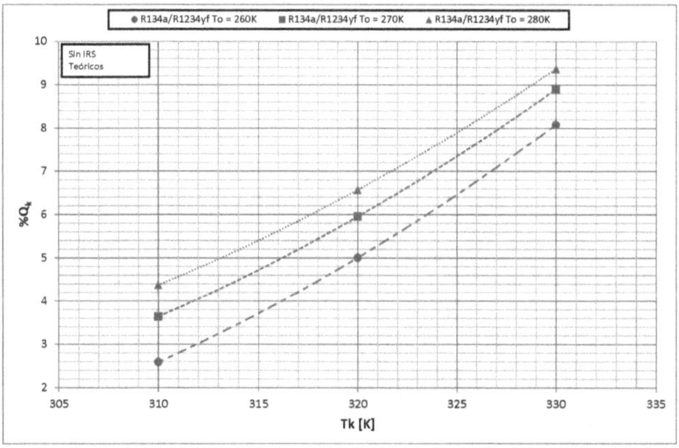

Fig. 3.20. Diferencia relativa de la potencia calorífica entre ambos fluidos en función de la temperatura de condensación.

En la Fig. 3.20 vemos como la diferencia relativa de la potencia calorífica entre ambos fluidos, calculada tal y como se muestra en la Ec. 3.13, es mayor conforme aumenta la temperatura de condensación. La temperatura de evaporación también tiene influencia, pero ésta es muy baja comparada con la influencia de la temperatura de condensación. Así, para una misma temperatura de condensación, la temperatura de evaporación produce variaciones de entre 1.28% y 1.79%, mientras que para una misma temperatura de evaporación, la temperatura de condensación produce variaciones de entre 4.99% y 5.5%. El efecto de la temperatura de evaporación no difiere según la temperatura de condensación como pasaba para la potencia frigorífica: aumentar la temperatura de evaporación supone un aumento de la diferencia relativa de la potencia calorífica entre ambos fluidos. Dependiendo de las condiciones de funcionamiento, la potencia calorífica es entre 2.59% y 9.37% mayor para el R134a que para el R1234yf.

$$\%Q_k = \frac{Q_{k,R134a} - Q_{k,R1234yf}}{Q_{k,R1234yf}} \tag{3.13}$$

3.8 ANÁLISIS TEÓRICO DE LA POTENCIA DE COMPRESIÓN

A continuación vamos a analizar cómo afectan las condiciones de funcionamiento a la potencia de compresión. La potencia de compresión es el producto entre el caudal másico de refrigerante y el salto de entalpías entre la entrada y la salida del compresor, y tiene la siguiente expresión que se muestra en la Ec. 3.14.

$$P_c = \dot{m}_{ref}\Delta h_c = \dot{m}_{ref}(h_2 - h_1) \tag{3.14}$$

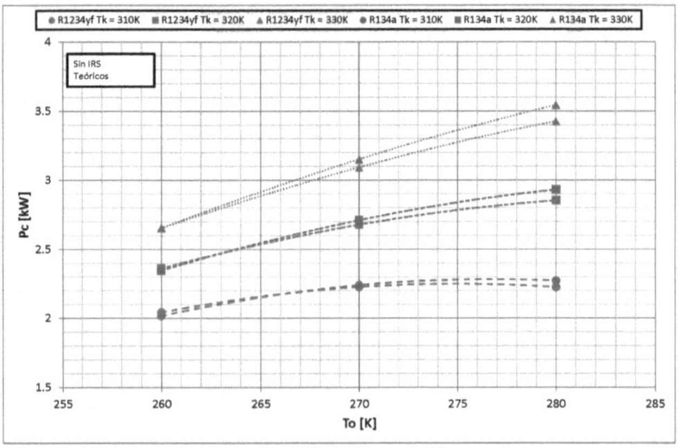

Fig. 3.21. Potencia de compresión en función de la temperatura de evaporación.

En la Fig. 3.21 se observa cómo afecta a la potencia de compresión la temperatura de condensación y la temperatura de evaporación. Para temperaturas de condensación y evaporación mayores se tienen mayores potencias de compresión. Sin embargo, la influencia de la temperatura de evaporación es inferior a la influencia de la temperatura de condensación. Además, el efecto de la temperatura de evaporación se suaviza para temperaturas de condensación bajas.

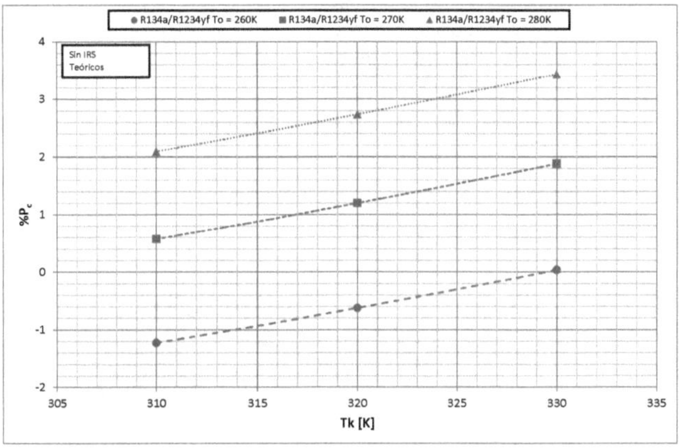

Fig. 3.22. Diferencia relativa de la potencia de compresión entre ambos fluidos en función de la temperatura de condensación.

En cuanto a la comparativa entre el R1234yf y el R134a, vemos como para unas mismas condiciones de funcionamiento la potencia de compresión es similar en ambos refrigerantes. En apartados anteriores veíamos como el salto de entalpías en el compresor era superior para el R134a, mientras que el caudal másico de refrigerante era superior para el R1234yf. Ambos efectos se han anulado, si bien para temperaturas de evaporación y condensación altas, el R134a presenta una potencia de compresión ligeramente superior a la del R1234yf.

En la Fig. 3.22 vemos como la diferencia relativa de la potencia de compresión entre ambos fluidos, calculada tal y como se muestra en la Ec. 3.15, es mayor conforme aumenta la temperatura de condensación. La temperatura de evaporación tiene mayor influencia, aumentando la diferencia relativa de la potencia de compresión entre ambos fluidos al incrementarse la temperatura de evaporación. Así, para una misma temperatura de condensación, la temperatura de evaporación produce variaciones de entre 3.32% y 3.4%, mientras que para una misma temperatura de evaporación, la temperatura de condensación produce variaciones de entre 1.26% y 1.34%. Dependiendo de las condiciones de funcionamiento, la potencia de compresión es 3.44% mayor en el R134a o un 1.23% en el R1234yf.

$$\%P_c = \frac{P_{c,R134a} - P_{c,R1234yf}}{P_{c,R1234yf}} \tag{3.15}$$

3.9 ANÁLISIS TEÓRICO DE LA TEMPERATURA DE DESCARGA

Antes de pasar al análisis de la eficiencia energética del ciclo, resulta conveniente analizar que le sucede a la temperatura de descarga del compresor al variar las condiciones de funcionamiento para cada fluido. La temperatura de descarga del compresor es un parámetro importante desde el punto de vista técnico, ya que afecta de forma significativa a la vida útil del compresor.

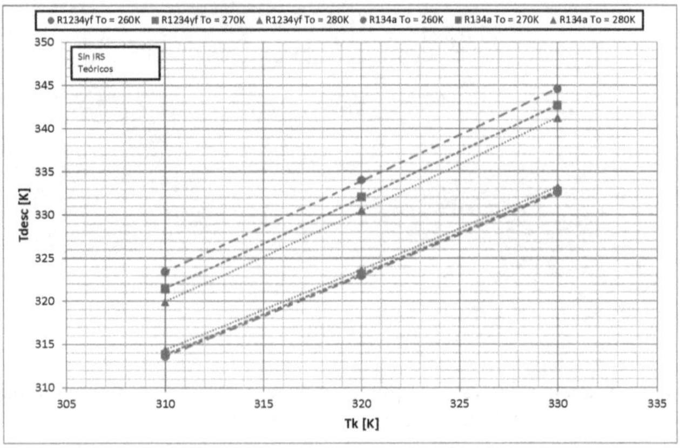

Fig. 3.23. Temperatura de descarga en función de la temperatura de condensación.

Al considerar la compresión isoentrópica, la temperatura de descarga depende por una parte de la presión de saturación a la temperatura de condensación, y por otra de la entropía de aspiración del compresor, que a su vez viene determinada por la presión de saturación a la temperatura de evaporación y el grado de recalentamiento, que consideramos constante.

En la Fig. 3.23 se observa cómo afecta a la temperatura de descarga la temperatura de condensación y la temperatura de evaporación. Para temperaturas de condensación mayores se tienen mayores temperaturas de descarga. Sin embargo, la influencia de la temperatura de evaporación es inferior a la influencia de la temperatura de condensación. Además, se tiene un comportamiento similar con la temperatura de evaporación al que se daba para el salto de entalpías en el condensador. Para el R134a, menores temperaturas de evaporación conllevan mayores temperaturas de descarga, mientras que para el R1234yf menores temperaturas de evaporación suponen temperaturas de descarga ligeramente menores.

En cuanto a la comparativa entre el R1234yf y el R134a, vemos como para unas mismas condiciones de funcionamiento la temperatura de descarga del R134a es superior a la del R1234yf. En la Fig. 3.24 vemos como la diferencia absoluta de la temperatura de descarga entre ambos fluidos, calculada tal y como se muestra en la Ec. 3.16, es mayor conforme aumenta la temperatura de condensación y disminuye la temperatura de evaporación. Así, para una misma temperatura de condensación, la temperatura de evaporación produce variaciones de entre 4.03 K y 4.3 K, mientras que para una misma temperatura de evaporación, la temperatura de condensación produce variaciones de entre 2.22 K y 2.5 K. Dependiendo de las condiciones de funcionamiento, la temperatura de descarga es entre 5.5 K y 12.03 K mayor en el R134a que en el R1234yf.

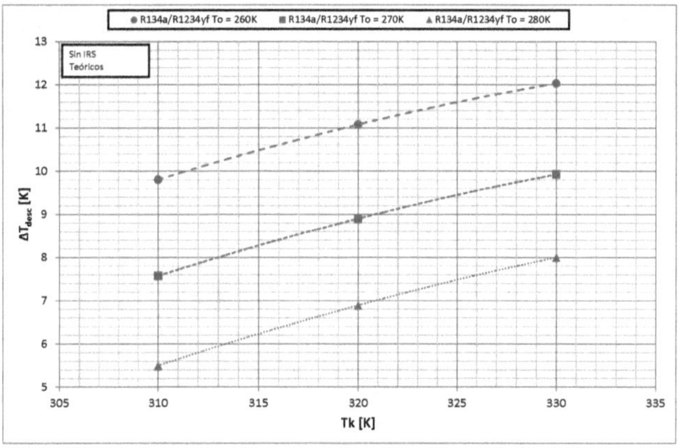

Fig. 3.24. Diferencia de la temperatura de descarga entre ambos fluidos en función de la temperatura de condensación.

$$\Delta T_{desc} = T_{desc,R134a} - T_{desc,R1234yf} \tag{3.16}$$

3.10 Análisis teórico del COP y del EER

A continuación vamos a analizar cómo afectan las condiciones de funcionamiento a la eficiencia energética del ciclo. Distinguimos entre el funcionamiento como máquina frigorífica y el funcionamiento como bomba de calor.

Cuando el ciclo trabaja como máquina frigorífica, la potencia térmica útil es la potencia frigorífica. Para cuantificar la eficiencia energética del ciclo utilizamos un parámetro conocido como EER (Energy Efficiency Ratio). El EER se calcula como el ratio entre la potencia frigorífica y la potencia de compresión, tal y como se muestra en la Ec. 3.17.

$$EER = \frac{Q_o}{P_c} \tag{3.17}$$

Por otra parte, cuando el ciclo trabaja como bomba de calor, la potencia térmica útil es la potencia calorífica. Para cuantificar la eficiencia energética del ciclo utilizamos un parámetro conocido como COP (Coefficient of Performance). El COP se calcula como el ratio entre la potencia calorífica y la potencia de compresión, tal y como se muestra en la Ec. 3.18.

$$COP = \frac{Q_k}{P_c} \tag{3.18}$$

Desde el punto de las vista teórico, al considerar el ciclo teórico ideal sin pérdidas de carga ni de calor al ambiente, podemos simplificar la ecuación anterior aplicando un balance de energía (o potencia). La potencia calorífica es la suma de la potencia frigorífica y la potencia de compresión, tal y como se muestra en la Ec. 3.19. Por tanto, aplicando esta ecuación a la Ec. 3.18 resulta que el COP es igual al EER más uno, como se indica en la Ec. 3.20.

$$Q_k = Q_o + P_c \tag{3.19}$$

$$COP = \frac{Q_k}{P_c} = \frac{Q_o + P_c}{P_c} = EER + 1 \tag{3.20}$$

Por tanto, a continuación analizaremos sólo el EER, ya que el comportamiento del COP será similar. Por otro lado, dadas las definiciones de la potencia frigorífica y la potencia de compresión, podemos simplificar la Ec. 3.17, llegando a la expresión mostrada en la Ec. 3.21. Gracias al hecho de las simplificaciones teóricas asumidas, como la de compresión ideal isoentrópica, el EER sólo depende del salto de entalpías en el evaporador y el salto de entalpías en el compresor.

$$EER = \frac{Q_o}{P_c} = \frac{\dot{m}_{ref}\Delta h_o}{\dot{m}_{ref}\Delta h_c} = \frac{\Delta h_o}{\Delta h_c} \tag{3.21}$$

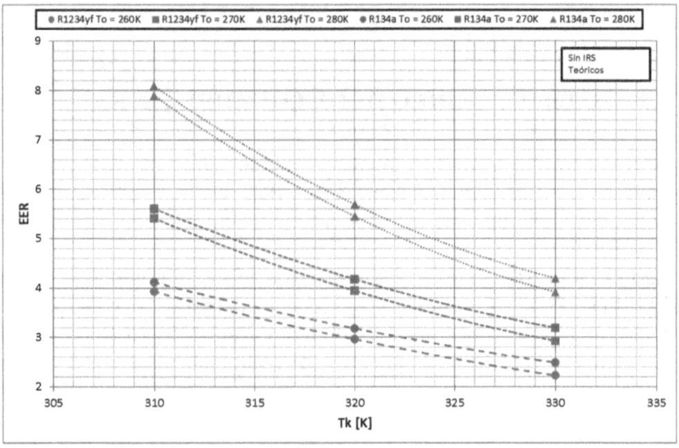

Fig. 3.25. EER en función de la temperatura de condensación.

En la Fig. 3.25 se observa cómo afecta al EER la temperatura de condensación y la temperatura de evaporación. Para temperaturas de condensación y evaporación mayores se tienen menores eficiencias energéticas. La influencia de las temperaturas de evaporación y condensación son dependientes entre sí. Para temperaturas de evaporación bajas, la temperatura de condensación hace variar al EER entre valores de 2.2 y 3.9 con lo que existe una variación total de 1.7 para el R1234yf y de 1.63 para el R134a, pasando de 2.47 a 4.1. Por otra parte, para temperaturas de evaporación altas, la temperatura de condensación tiene una influencia en el EER de 3.97 para el R1234yf y 3.89 para el R134a. Para temperaturas de condensación bajas la temperatura de evaporación tiene una influencia en el EER de 3.97 para el R1234yf y de 3.98 para el R134a, mientras que para temperaturas de condensación altas la temperatura de evaporación tiene una influencia en el EER de 1.69 para el R1234yf y de 1.72 para el R134a.

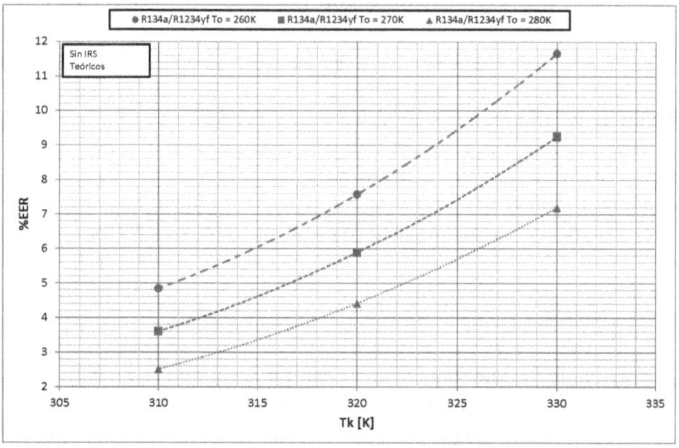

Fig. 3.26. Diferencia relativa del EER entre ambos fluidos en función de la temperatura de condensación.

En cuanto a la comparativa entre el R1234yf y el R134a, vemos como para unas mismas condiciones de funcionamiento el EER del R134a es superior al del R1234yf. En la Fig. 3.26 vemos como la diferencia relativa del EER entre ambos fluidos, calculada tal y como se muestra en la Ec. 3.22, es mayor conforme aumenta la temperatura de condensación y disminuye la temperatura de evaporación. Así, para una misma temperatura de condensación, la temperatura de evaporación produce variaciones de entre 2.33% y 4.46%, mientras que para una misma temperatura de evaporación, la temperatura de condensación produce variaciones de entre 4.69% y 6.82%. Dependiendo de las condiciones de funcionamiento, el EER es entre 2.51% y 11.66% mayor en el R134a que en el R1234yf.

$$\%EER = \frac{EER_{R134a} - EER_{R1234yf}}{EER_{R1234yf}} \tag{3.22}$$

3.11 Análisis teórico de la influencia del IRS

Una modificación importante que podemos introducir en el ciclo de compresión básico es la adopción de un intercambiador de recalentamiento subenfriamiento (IRS). El principal efecto que presenta este componente es el aumento del grado de subenfriamiento y el grado de recalentamiento, lo que provoca cambios significativos en el comportamiento del ciclo frigorífico. El análisis de este componente se puede realizar a partir de la eficiencia del mismo.

Supondremos que el intercambiador de recalentamiento subenfriamiento se comporta de manera ideal, es decir, sin pérdidas de presión y ni pérdidas de calor al ambiente, por lo que las potencias térmicas del refrigerante en estado líquido y del refrigerante en estado vapor son exactamente iguales como consecuencia del principio de conservación de la energía, tal y como se expresa en la Ec. 3.23.

$$q_L = q_V = q \tag{3.23}$$

Para el cálculo de la potencia térmica utilizaremos el método de la eficiencia según la Ec. 3.24.

$$q = \varepsilon_{IRS} \cdot q_{ideal} \tag{3.24}$$

La expresión de la potencia térmica máxima es la que se muestra a continuación en la Ec. 3.25, donde se calcula como el producto entre la capacidad calorífica mínima entre los fluidos que intercambian energía y el salto térmico máximo que se puede dar en el intercambiador.

$$q_{ideal} = C_{min} \cdot \Delta T_{max} \tag{3.25}$$

El salto térmico máximo que se puede dar en el intercambiador, expresado en la Ec. 3.26, es el que se daría si consideramos un intercambiador contracorriente puro de superficie infinita, donde la temperatura de salida del fluido de menor capacidad alcanza la temperatura de entrada del fluido de mayor capacidad.

$$\Delta T_{max} = T_{ce} - T_{fe} = T_3 - T_1 \tag{3.26}$$

Respecto a la capacidad calorífica mínima, debemos calcular el valor mínimo entre el producto del caudal másico y el calor específico del vapor y el calor específico del líquido, tal y como indica la Ec. 3.27.

$$C_{min} = \min\left(\overline{C_L}, \overline{C_v}\right) \tag{3.27}$$

3.11.1 Análisis teórico de la influencia del IRS en el caudal másico de refrigerante

El efecto que produce la introducción del IRS es el aumento del recalentamiento a la entrada del compresor. Como consecuencia, la densidad de aspiración al compresor disminuye y, por tanto, el caudal másico de refrigerante también disminuye. Si bien en apartados anteriores cuando considerábamos el ciclo sin la presencia del IRS se vio que la temperatura de condensación no tenía ningún efecto en el caudal másico de refrigerante, la introducción del IRS modifica este aspecto. Así, para una eficiencia en el IRS, el aumento en la temperatura de aspiración introducido por el IRS dependerá del salto térmico de temperaturas en el intercambiador, que a su vez depende de la temperatura de evaporación y de condensación.

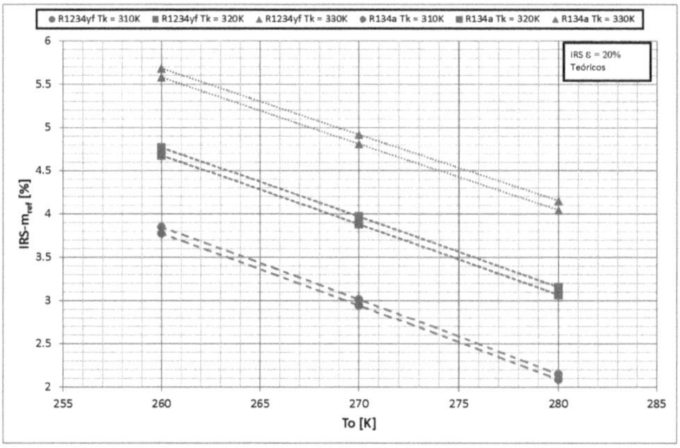

Fig. 3.27. Influencia del IRS en el caudal másico de refrigerante entre ambos fluidos en función de la temperatura de evaporación, para una eficiencia del 20%.

En la Fig. 3.27 se observa la disminución de caudal másico de refrigerante en términos relativos, calculado según la Ec. 3.28, para distintas temperaturas de evaporación y condensación considerando un IRS con una eficiencia del 20%. Se observa como la influencia del IRS en el caudal másico de refrigerante es similar en ambos fluidos, si bien para el R1234yf se dan reducciones en el caudal másico de refrigerante ligeramente superiores. Por otro lado, se observa como a mayores temperaturas de condensación se dan mayores reducciones de caudal másico de refrigerante, mientras que para mayores temperaturas de evaporación las reducciones son menores. Las reducciones en el caudal másico de refrigerante son de entre 2.09% y 5.58% para el R134a y de entre 2.15% y 5.68% para el R1234yf.

$$IRS - m_{ref} = \frac{m_{ref,\sin IRS} - m_{ref,con\,IRS}}{m_{ref,con\,IRS}} \tag{3.28}$$

Por otra parte, la influencia del IRS será mayor cuanto mayor sea su eficiencia. Así, en la Fig. 3.28 se presenta la disminución de caudal másico de refrigerante en términos relativos para distintas temperaturas de evaporación y condensación, pero considerando un IRS con una eficiencia más alta, del 80%. El efecto de la temperatura de condensación y evaporación sigue siendo el mismo, y ambos fluidos siguen presentado disminuciones en el caudal similares, ligeramente superiores para el R1234yf. Sin embargo, el aumento de la eficiencia ha dado lugar a disminuciones del caudal másico de refrigerante más altas. Así, las reducciones en el caudal másico de refrigerante son de entre 8.15% y 21.16% para el R134a y de entre 8.35% y 21.42% para el R1234yf.

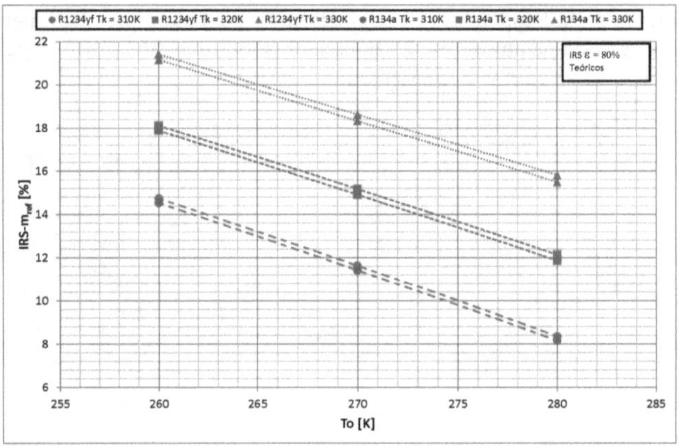

Fig. 3.28. Influencia del IRS en el caudal másico de refrigerante entre ambos fluidos en función de la temperatura de evaporación, para una eficiencia del 80%.

3.11.2 Análisis teórico de la influencia del IRS en el salto de entalpías en el evaporador

La influencia del IRS en el salto de entalpías en el evaporador viene dada por el subenfriamiento del líquido en el IRS, disminuyendo la entalpía de entrada al evaporador. Por tanto, el IRS siempre comporta un aumento del salto de entalpías en el evaporador. Este efecto se muestra en la Fig. 3.29.

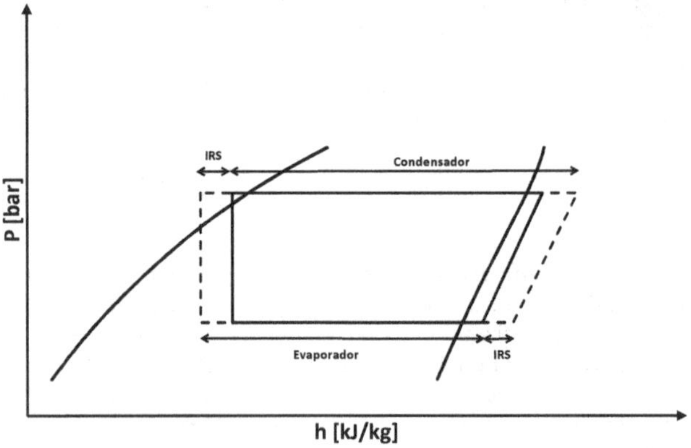

Fig. 3.29. Influencia del IRS en el salto de entalpías en el evaporador y el condensador.

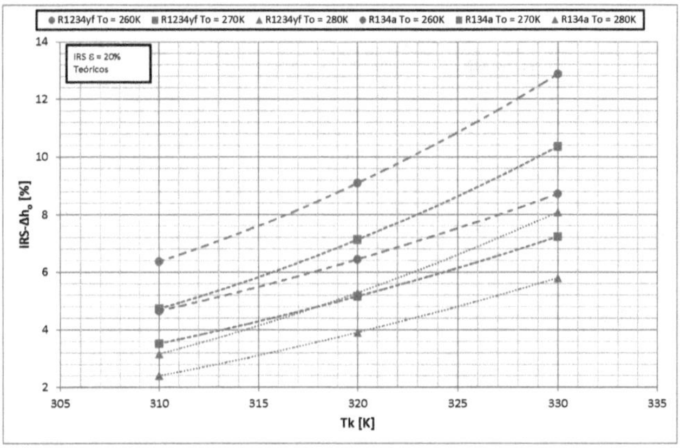

Fig. 3.30. Influencia del IRS en el salto de entalpías en el evaporador entre ambos fluidos en función de la temperatura de condensación, para una eficiencia del 20%.

En la Fig. 3.30 se observa el aumento del salto de entalpías en el evaporador en términos relativos, calculado según la Ec. 3.29, para distintas temperaturas de evaporación y condensación considerando un IRS con una eficiencia del 20%. Se observa como la influencia del IRS en el salto de entalpías en el evaporador es superior para el R1234yf, acrecentándose esta diferencia a temperaturas de condensación altas. Por otro lado, se observa como a mayores temperaturas de condensación se dan mayores incrementos en el salto de entalpías en el evaporador, mientras que para mayores temperaturas de evaporación los incrementos disminuyen. Los incrementos en el salto de entalpías en el evaporador son de entre 3.17% y 12.86% para el R1234yf y de entre 2.40% y 8.72% para el R134a.

$$IRS - \Delta h_o = \frac{\Delta h_{o,\mathrm{con}\,IRS} - \Delta h_{o,sin\,IRS}}{\Delta h_{o,sin\,IRS}} \tag{3.29}$$

Por otra parte, la influencia del IRS será mayor cuanto mayor sea su eficiencia. Así, en la Fig. 3.31 se presenta el aumento del salto de entalpías en el evaporador en términos relativos para distintas temperaturas de evaporación y condensación, pero considerando un IRS con una eficiencia más alta, del 80%. El efecto de la temperatura de condensación y evaporación sigue siendo el mismo, y los incrementos en el salto de entalpías en el evaporador siguen siendo superiores para el R1234yf. Sin embargo, el aumento de la eficiencia ha dado lugar a incrementos del salto de entalpías del evaporador más altos. Así, los incrementos en el salto de entalpías en el evaporador son de entre 9.62% y 34.88% para el R134a y de entre 12.67% y 51.45% para el R1234yf.

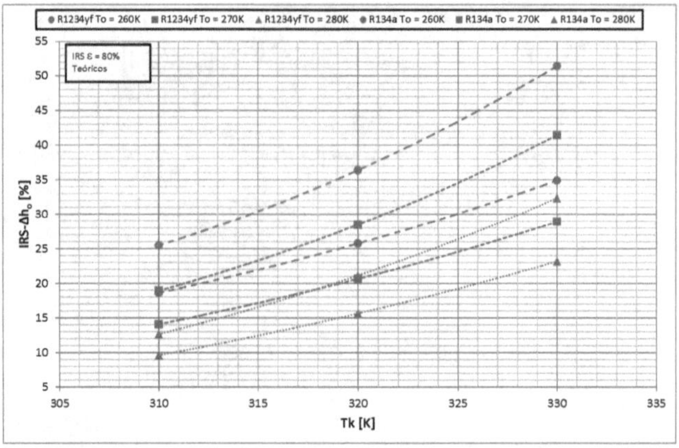

Fig. 3.31. Influencia del IRS en el salto de entalpías en el evaporador entre ambos fluidos en función de la temperatura de condensación, para una eficiencia del 80%.

3.11.3 Análisis teórico de la influencia del IRS en el salto de entalpías en el condensador

La influencia del IRS en el salto de entalpías en el condensador viene dada por el recalentamiento del vapor en el IRS, aumentando la entalpía de entrada al condensador. Por tanto, el IRS siempre comporta un aumento del salto de entalpías en el condensador. Este efecto se entiende claramente observando la Fig. 3.29.

En la Fig. 3.32 se observa el aumento del salto de entalpías en el condensador en términos relativos, calculado según la Ec. 3.30, para distintas temperaturas de evaporación y condensación considerando un IRS con una eficiencia del 20%. Se observa como la influencia del IRS en el salto de entalpías en el condensador es superior para el R1234yf, acrecentándose esta diferencia a temperaturas de condensación altas. Por otro lado se observa como a mayores temperaturas de condensación se dan mayores incrementos en el salto de entalpías en el condensador, mientras que para mayores temperaturas de evaporación los incrementos disminuyen. Los incrementos en el salto de entalpías en el condensador son de entre 3.08% y 10.98% para el R1234yf y de entre 2.38% y 7.97% para el R134a.

$$IRS - \Delta h_k = \frac{\Delta h_{k,\text{con}\,IRS} - \Delta h_{k,sin\,IRS}}{\Delta h_{k,sin\,IRS}} \tag{3.30}$$

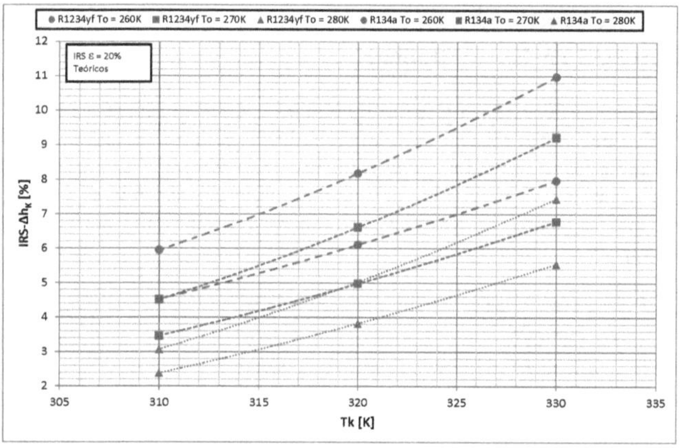

Fig. 3.32. Influencia del IRS en el salto de entalpías en el condensador entre ambos fluidos en función de la temperatura de condensación, para una eficiencia del 20%.

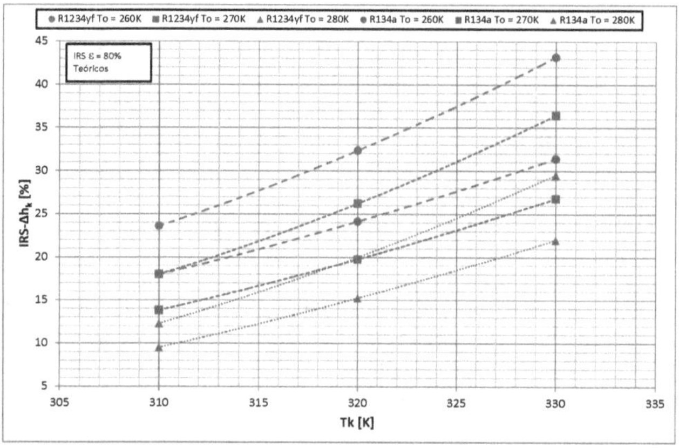

Fig. 3.33. Influencia del IRS en el salto de entalpías en el condensador entre ambos fluidos en función de la temperatura de condensación, para una eficiencia del 80%.

La influencia del IRS será mayor cuanto mayor sea su eficiencia. En la Fig. 3.33 se presenta el aumento del salto de entalpías en el condensador en términos relativos para distintas temperaturas de evaporación y condensación, pero considerando un IRS con una eficiencia del 80%. El efecto de la temperatura de condensación y evaporación sigue siendo el mismo, y los incrementos en el salto de entalpías en el condensador siguen siendo superiores para el R1234yf. Sin embargo, el aumento de la eficiencia ha dado lugar a incrementos del salto de entalpías del condensador más altos. Así, los incrementos en el salto de entalpías en el condensador son de entre 9.51% y 31.41% para el R134a y de entre 12.27% y 43.21% para el R1234yf.

3.11.4 ANÁLISIS TEÓRICO DE LA INFLUENCIA DEL IRS EN EL SALTO DE ENTALPÍAS EN EL COMPRESOR

La influencia del IRS en el salto de entalpías en el compresor viene dada por el recalentamiento del vapor en el IRS, aumentando la entalpía de entrada al compresor. Pese a considerar la compresión isoentrópica, a mayores recalentamientos las curvas isoentrópicas se abaten en mayor medida, aumentando ligeramente el salto de entalpías en el compresor. Por tanto, el IRS siempre comporta un aumento del salto de entalpías en el compresor.

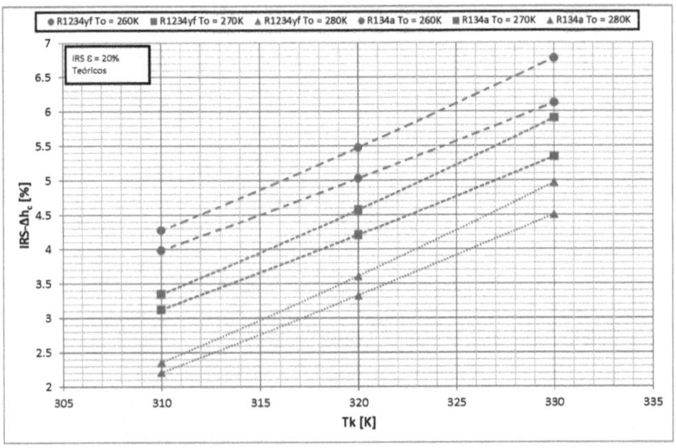

Fig. 3.34. Influencia del IRS en el salto de entalpías en el compresor entre ambos fluidos en función de la temperatura de condensación, para una eficiencia del 20%.

En la Fig. 3.34 se observa el aumento del salto de entalpías en el compresor en términos relativos, calculado según la Ec. 3.31, para distintas temperaturas de evaporación y condensación considerando un IRS con una eficiencia del 20%. Se observa como la influencia del IRS en el salto de entalpías en el compresor es superior para el R1234yf, aumentando esta diferencia a temperaturas de condensación altas. Por otro lado, se observa como a mayores temperaturas de condensación se dan mayores incrementos en el salto de entalpías en el compresor, mientras que para mayores temperaturas de evaporación los incrementos disminuyen. Los incrementos en el salto de entalpías en el compresor son de entre 2.36% y 6.77% para el R1234yf y de entre 2.21% y 6.12% para el R134a.

$$IRS - \Delta h_c = \frac{\Delta h_{c,\mathrm{con}\,IRS} - \Delta h_{c,sin\,IRS}}{\Delta h_{c,sin\,IRS}} \tag{3.31}$$

También aquí la influencia del IRS será mayor cuanto mayor sea su eficiencia. Si representamos el aumento del salto de entalpías en el compresor en términos relativos para distintas temperaturas de evaporación y condensación, Fig. 3.35, considerando un IRS con una eficiencia del 80%, se observa que el efecto de la temperatura de condensación y evaporación sigue siendo el mismo, y los incrementos en el salto de entalpías en el compresor siguen siendo superiores para el R1234yf. Sin embargo, el aumento de la eficiencia ha dado lugar a incrementos del salto de entalpías del compresor más altos. Así, los incrementos en el salto de entalpías en el compresor son de entre 9.13% y 24.86% para el R1234yf y de entre 8.6% y 22.8% para el R134a.

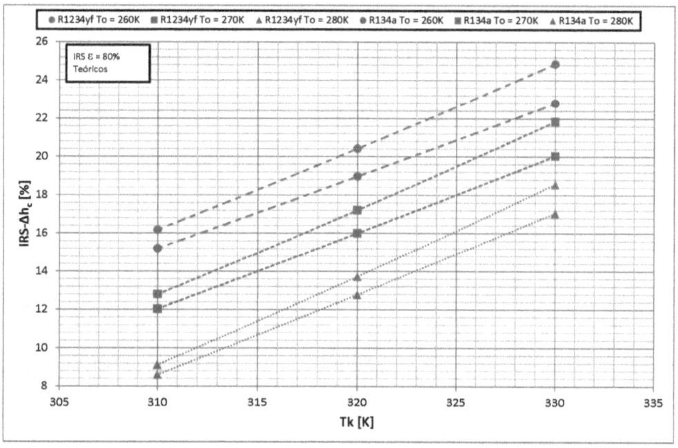

Fig. 3.35. Influencia del IRS en el salto de entalpías en el compresor entre ambos fluidos en función de la temperatura de condensación, para una eficiencia del 80%.

3.11.5 Análisis teórico de la influencia del IRS en la potencia frigorífica

La influencia del IRS en la potencia frigorífica viene dada por dos factores: la disminución en el caudal másico de refrigerante y el aumento en el salto de entalpías en el evaporador. Ambos factores, los cuales los hemos analizado en apartados anteriores, tienen efectos contrarios en la potencia frigorífica: la disminución del caudal másico de refrigerante tiende a disminuir la potencia frigorífica, mientras que el aumento en el salto de entalpías en el evaporador tiende a aumentarla. Que el IRS comporte un aumento o disminución en la potencia frigorífica dependerá de cuál de los dos efectos sea mayor. Basándonos en los resultados de los análisis anteriores sobre la influencia del IRS en el caudal másico de refrigerante y el salto de entalpías en el evaporador, es de esperar que el IRS comporte un aumento de la potencia frigorífica, ya que los incrementos en el salto de entalpías en el evaporador eran superiores a las disminuciones de caudal másico de refrigerante. Además, ya que ambos refrigerantes presentaban disminuciones en el caudal másico de refrigerante muy similares pero los incrementos en el salto de entalpías en el evaporador eran significativamente superiores para el R1234yf, es de esperar que los aumentos en la potencia frigorífica debidos al IRS sean mayores para este fluido.

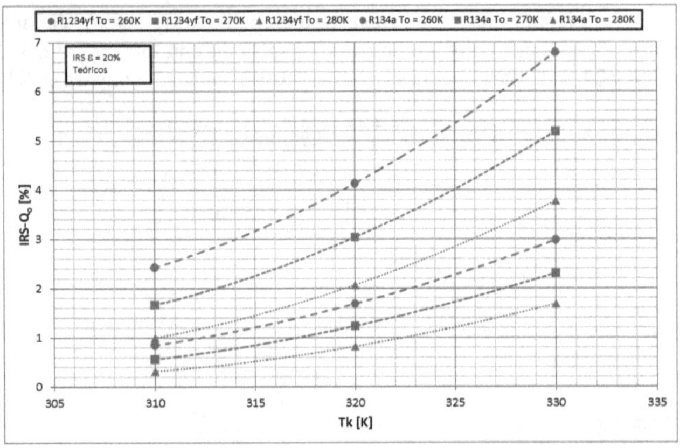

Fig. 3.36. Influencia del IRS en la potencia frigorífica entre ambos fluidos en función de la temperatura de condensación, para una eficiencia del 20%.

En la Fig. 3.36 se observa el aumento de la potencia frigorífica en términos relativos, calculado según la Ec. 3.32, para distintas temperaturas de evaporación y condensación considerando un IRS con una eficiencia del 20%. Se observa como la influencia del IRS en la potencia frigorífica es superior para el R1234yf, acrecentándose esta diferencia a temperaturas de condensación altas. Por otro lado se observa como a mayores temperaturas de condensación se dan mayores incrementos en la potencia frigorífica, mientras que para mayores temperaturas de evaporación los incrementos disminuyen. Los incrementos en la potencia frigorífica son de entre 1% y 6.79% para el R1234yf y de entre 0.31% y 2.97% para el R134a.

$$IRS - Q_o = \frac{Q_{o,\mathrm{con}\,IRS} - Q_{o,sin\,IRS}}{Q_{o,sin\,IRS}} \tag{3.32}$$

Cuando utilizamos un IRS de mayor eficiencia, por ejemplo del 80% (Fig. 3.37), y observamos el aumento de la potencia frigorífica en términos relativos para distintas temperaturas de evaporación y condensación, se observa que el efecto de las condiciones de operación es el mismo. Sin embargo, el aumento de la eficiencia ha dado lugar a incrementos de la potencia frigorífica más altos. Así, los incrementos en la potencia frigorífica son de entre 3.98% y 24.74% para el R1234yf y de entre 1.35% y 11.32% para el R134a.

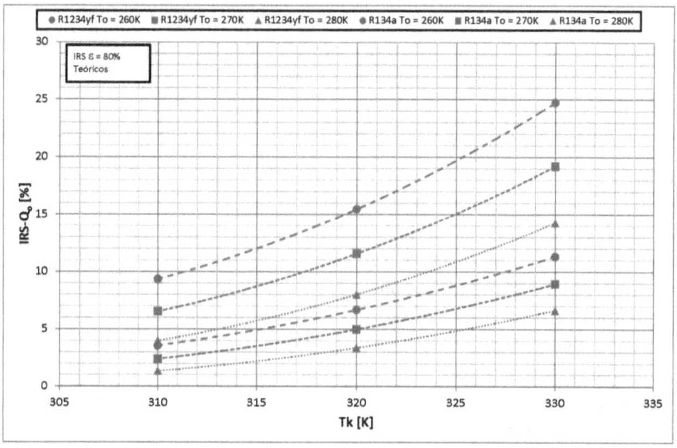

Fig. 3.37. Influencia del IRS en la potencia frigorífica entre ambos fluidos en función de la temperatura de condensación, para una eficiencia del 80%.

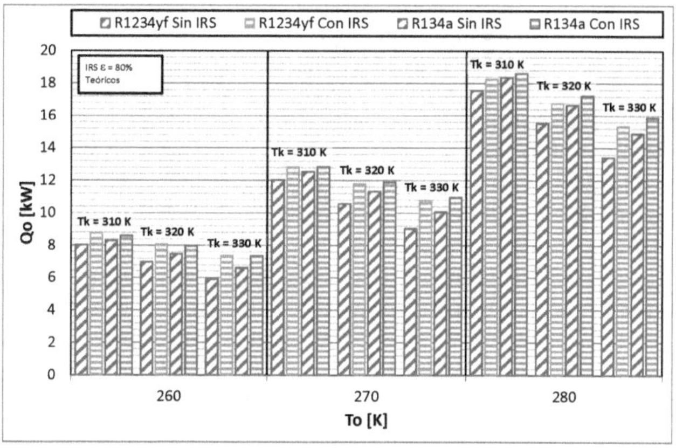

Fig. 3.38. Potencia frigorífica de ambos fluidos con y sin IRS en función de la temperatura de evaporación, para una eficiencia del 80%.

Siendo la influencia del IRS más alta para el R1234yf, se puede dar el caso de que para ciertas condiciones de funcionamiento y eficiencias del IRS altas, la potencia frigorífica, que sin el uso del IRS era siempre más alta para el R134a, pase a ser más alta para el R1234yf, o con valores muy similares. Así, en la Fig. 3.38 se muestran los valores de la potencia frigorífica para todas las condiciones de funcionamiento, con y sin IRS, considerando una eficiencia del IRS alta, del 80%. Se observa como para temperaturas de evaporación bajas la potencia frigorífica del ciclo funcionando con R1234yf con IRS es superior a la del R134a, mientras que para temperaturas de evaporación medias los valores de la potencia frigorífica son prácticamente iguales. Por otra parte se observa cómo, exceptuando un caso (temperatura de evaporación alta y temperatura de condensación baja), la potencia frigorífica del ciclo con IRS funcionando con R1234yf es superior a la potencia frigorífica del ciclo sin IRS funcionando con R134a.

3.11.6 ANÁLISIS TEÓRICO DE LA INFLUENCIA DEL IRS EN LA POTENCIA CALORÍFICA

La influencia del IRS en la potencia calorífica viene dada por dos factores: la disminución en el caudal másico de refrigerante y el aumento en el salto de entalpías en el condensador. Ambos factores, los cuales los hemos analizado en apartados anteriores, tienen efectos contrarios y que el IRS comporte un aumento o disminución en la potencia calorífica dependerá de cuál de los dos efectos sea mayor. Basándonos en los resultados de los anteriores apartados, es de esperar que el IRS comporte un aumento de la potencia calorífica, ya que los incrementos en el salto de entalpías en el condensador son superiores a las disminuciones de caudal másico de refrigerante. Además, ya que ambos refrigerantes presentaban disminuciones en el caudal másico de refrigerante muy similares y que los incrementos en el salto de entalpías en el condensador eran significativamente superiores para el R1234yf, es de esperar que los aumentos en la potencia calorífica debidos al IRS sean mayores para este fluido.

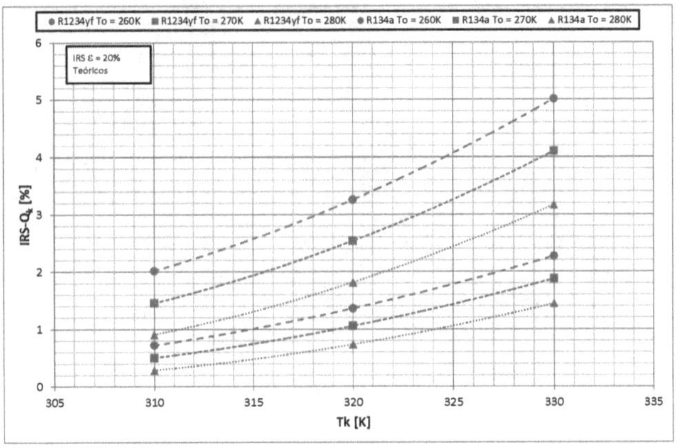

Fig. 3.39. Influencia del IRS en la potencia calorífica entre ambos fluidos en función de la temperatura de condensación, para una eficiencia del 20%.

En la Fig. 3.39 se observa el aumento de la potencia calorífica en términos relativos, calculado según la Ec. 3.33, para distintas temperaturas de evaporación y condensación considerando un IRS con una eficiencia del 20%. Se observa como la influencia del IRS en la potencia calorífica es superior para el R1234yf, acrecentándose esta diferencia a temperaturas de condensación altas. Por otro lado se observa como a mayores temperaturas de condensación se dan mayores incrementos en la potencia calorífica, mientras que para mayores temperaturas de evaporación los incrementos disminuyen. Los incrementos en la potencia calorífica son de entre 0.91% y 5.01% para el R1234yf y de entre 0.29% y 2.27% para el R134a.

$$IRS - Q_k = \frac{Q_{k,\mathrm{con}\,IRS} - Q_{k,sin\,IRS}}{Q_{k,sin\,IRS}} \qquad (3.33)$$

Utilizando un IRS de eficiencia igual al 80% el comportamiento cualitativo sigue siendo el mismo, Fig. 3.40, pero el aumento de la eficiencia ha dado lugar a incrementos de la potencia calorífica más pronunciados. Así, los incrementos en la potencia calorífica son de entre 3.61% y 17.95% para el R1234yf y de entre 1.25% y 8.46% para el R134a.

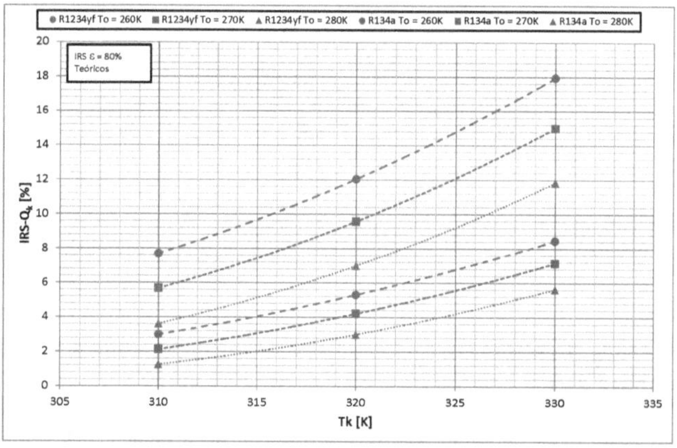

Fig. 3.40. Influencia del IRS en la potencia calorífica entre ambos fluidos en función de la temperatura de condensación, para una eficiencia del 80%.

Siendo la influencia del IRS más alta para el R1234yf, se puede dar el caso de que para ciertas condiciones de funcionamiento y eficiencias del IRS altas, la potencia calorífica, que sin el uso del IRS era siempre más alta para el R134a, pase a ser más alta para el R1234yf, o con valores muy similares. Así, en la Fig. 3.41 se muestran los valores de la potencia calorífica para todas las condiciones de funcionamiento, con y sin IRS, considerando una eficiencia del IRS alta, del 80%. Se observa como para temperaturas de evaporación bajas la potencia calorífica del ciclo funcionando con R1234yf con IRS es superior a la del R134a, mientras que para temperaturas de evaporación medias los valores de la potencia calorífica son prácticamente iguales. Por otra parte se observa cómo, exceptuando un caso (temperatura de evaporación alta y temperatura de condensación baja), la potencia calorífica del ciclo con IRS funcionando con R1234yf es superior a la potencia calorífica del ciclo sin IRS funcionando con R134a.

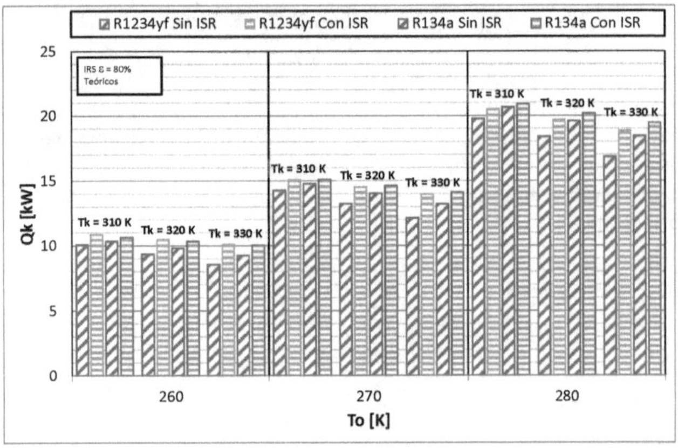

Fig. 3.41. Potencia calorífica de ambos fluidos con y sin IRS en función de la temperatura de evaporación, para una eficiencia del 80%.

3.11.7 ANÁLISIS TEÓRICO DE LA INFLUENCIA DEL IRS EN LA POTENCIA DE COMPRESIÓN

Analizando la potencia de compresión teórica, la influencia del IRS viene dada por la disminución en el caudal másico de refrigerante y el aumento en el salto de entalpías en el compresor. Así, con los resultados previos, es de esperar que el IRS comporte un ligero aumento de la potencia de compresión, ya que los incrementos en el salto de entalpías en el compresor eran ligeramente superiores a las disminuciones de caudal másico de refrigerante.

En la Fig. 3.42 se observa el aumento de la potencia de compresión en términos relativos, Ec. 3.34, para distintas condiciones de operación y considerando un IRS con una eficiencia del 20%. Se observa como la influencia del IRS en la potencia de compresión es superior para el R1234yf, siendo este efecto más acusado a altas temperaturas de condensación. También se observa que a mayores temperaturas de condensación se dan mayores incrementos en la potencia de compresión, mientras que para mayores temperaturas de evaporación los incrementos disminuyen. Los incrementos en la potencia de compresión son de entre 0.21% y 1.03% para el R1234yf y de entre 0.12% y 0.51% para el R134a.

$$IRS - P_c = \frac{P_{c,\text{con}\,IRS} - P_{c,sin\,IRS}}{P_{c,sin\,IRS}} \tag{3.34}$$

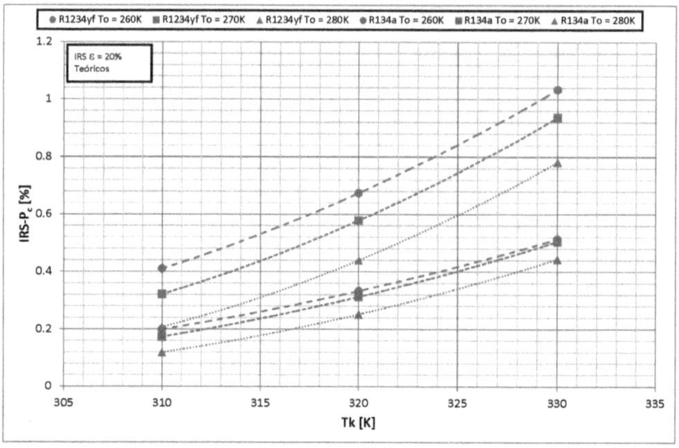

Fig. 3.42. Influencia del IRS en la potencia de compresión entre ambos fluidos en función de la temperatura de condensación, para una eficiencia del 20%.

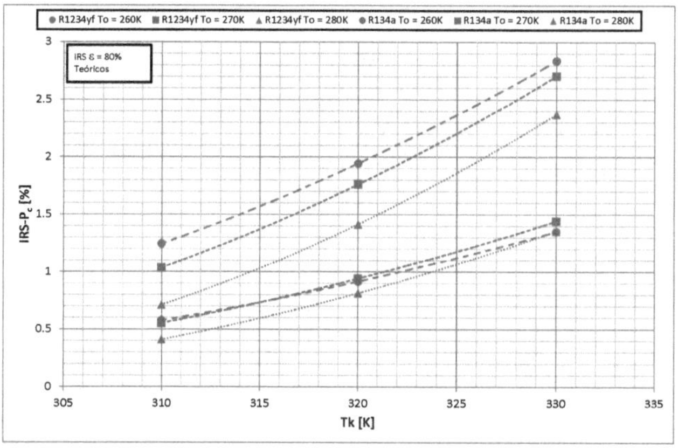

Fig. 3.43. Influencia del IRS en la potencia de compresión entre ambos fluidos en función de la temperatura de condensación, para una eficiencia del 80%.

Al usar un IRS de mayor eficiencia, Fig. 3.43, el efecto de las condiciones de operación sigue siendo el mismo, pero el aumento de la eficiencia ha dado lugar a incrementos de la potencia de compresión más altos. Así, los incrementos en la potencia de compresión son de entre 0.41% y 1.44% para el R134a y de entre 0.71% y 2.84% para el R1234yf.

3.11.8 ANÁLISIS TEÓRICO DE LA INFLUENCIA DEL IRS EN LA TEMPERATURA DE DESCARGA

La influencia del IRS en la temperatura de descarga viene dada por el recalentamiento del vapor en el IRS, aumentando la entropía de entrada al compresor. Pese a considerar la compresión isoentrópica, a mayores recalentamientos las curvas isoentrópicas se abaten, acentuando este aumento de la temperatura de descarga. Por tanto, el IRS siempre comporta un aumento de la temperatura de descarga.

En la Fig. 3.44 se observa el aumento de la temperatura de descarga, calculado según la Ec. 3.35, para distintas temperaturas de evaporación y condensación considerando un IRS con una eficiencia del 20%. Se observa como la influencia del IRS en la temperatura de descarga es superior para el R134a, acrecentándose esta diferencia a temperaturas de condensación altas. Por otro lado se observa como a mayores temperaturas de condensación se dan mayores incrementos en la temperatura de descarga, mientras que para mayores temperaturas de evaporación los incrementos disminuyen. Los incrementos en la temperatura de descarga son de entre 3.94 K y 10.33 K para el R1234yf y de entre 4.05 K y 11.32 K para el R134a.

$$IRS - T_{desc} = T_{desc,conIRS} - T_{desc,sinIRS} \tag{3.35}$$

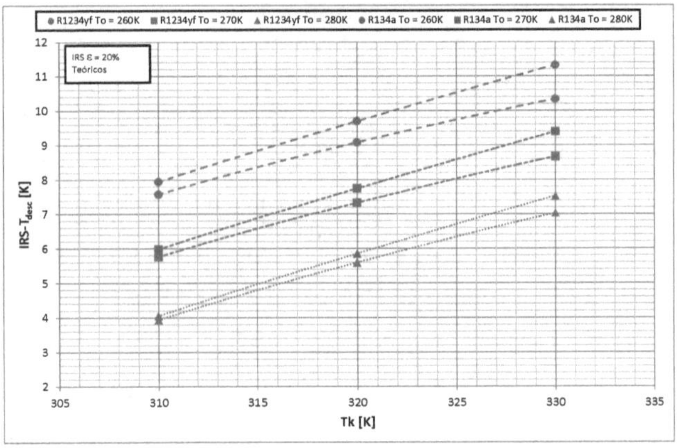

Fig. 3.44. Influencia del IRS en la temperatura de descarga entre ambos fluidos en función de la temperatura de condensación, para una eficiencia del 20%.

Por otra parte, la influencia del IRS será mayor cuanto mayor sea su eficiencia. Así, en la Fig. 3.45 se presenta el aumento de la temperatura de descarga para distintas temperaturas de evaporación y condensación, pero considerando un IRS con una eficiencia más alta, del 80%. El efecto de la temperatura de condensación y evaporación sigue siendo el mismo, y los incrementos en la temperatura de descarga siguen siendo superiores para el R134a. Sin embargo, el aumento de la eficiencia ha dado lugar a incrementos de la temperatura de descarga más altos. Así, los incrementos en la temperatura de descarga son de entre 15.9 K y 43.13 K para el R1234yf y de entre 16.36 K y 45.91 K para el R134a.

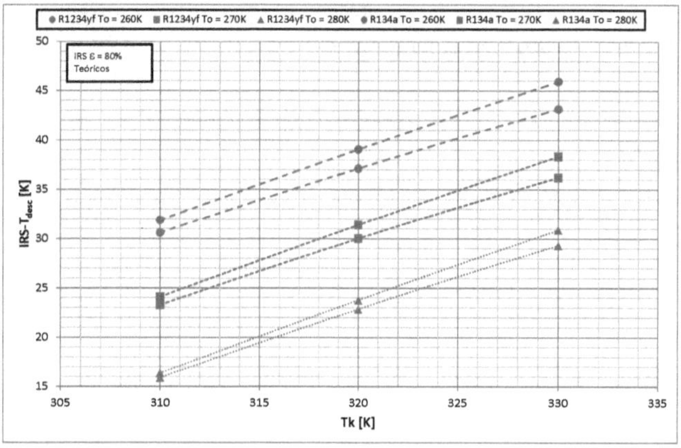

Fig. 3.45. Influencia del IRS en la temperatura de descarga entre ambos fluidos en función de la temperatura de condensación, para una eficiencia del 80%.

Si comparamos las temperaturas del R1234yf con IRS y el R134a sin IRS, vemos que para bajas eficiencias del IRS, pese al incremento en la temperatura de descarga introducida por el IRS, esta adquiere valores similares a las del refrigerante R134a sin IRS. Si aumentamos la eficiencia del intercambiador, las temperaturas de descarga del refrigerante R1234yf superan las del R134a.

3.11.9 ANÁLISIS TEÓRICO DE LA INFLUENCIA DEL IRS EN EL COP Y EN EL EER

Como hicimos en apartados anteriores, se estudiara sólo el EER, ya que el COP está ligado a este en las suposiciones del ciclo teórico. La influencia del IRS en el EER viene dada por el aumento de la potencia frigorífica y el aumento de la potencia de compresión. El aumento de la potencia de compresión tiende a disminuir el EER, mientras que el aumento de la potencia frigorífica tiende a aumentarla. Que el IRS comporte un aumento o disminución en el EER dependerá de cuál de los dos efectos sea mayor. Basándonos en los resultados de los análisis anteriores, es de esperar que el IRS comporte un aumento del EER, ya que los incrementos en la potencia frigorífica eran superiores a los aumentos en la potencia de compresión. Además, ya que ambos refrigerantes presentaban aumentos en la potencia de compresión muy similares pero con incrementos en la potencia frigorífica significativamente superiores para el R1234yf, es de esperar que los aumentos en el EER debidos al IRS sean mayores para este fluido.

En la Fig. 3.46 se observa el aumento del EER en términos relativos, calculado según la Ec. 3.36, para distintas temperaturas de evaporación y condensación considerando un IRS con una eficiencia del 20%. Se observa como la influencia del IRS en el EER es superior para el R1234yf, acrecentándose esta diferencia a temperaturas de condensación altas. Por otro lado se observa como a mayores temperaturas de condensación se dan mayores incrementos en el EER, mientras que para mayores temperaturas de evaporación los incrementos disminuyen. Los incrementos en el EER son de entre 0.79% y 5.7% para el R1234yf y de entre 0.19% y 2.45% para el R134a.

$$IRS - EER = \frac{EER_{\text{con}\,IRS} - EER_{sin\,IRS}}{EER_{sin\,IRS}} \tag{3.36}$$

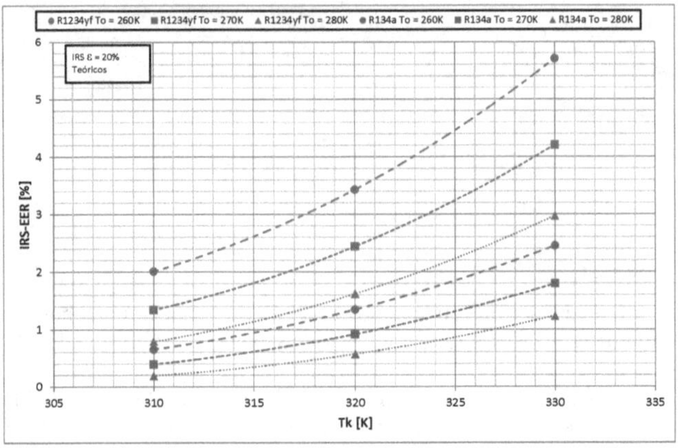

Fig. 3.46. Influencia del IRS en el EER entre ambos fluidos en función de la temperatura de condensación, para una eficiencia del 20%.

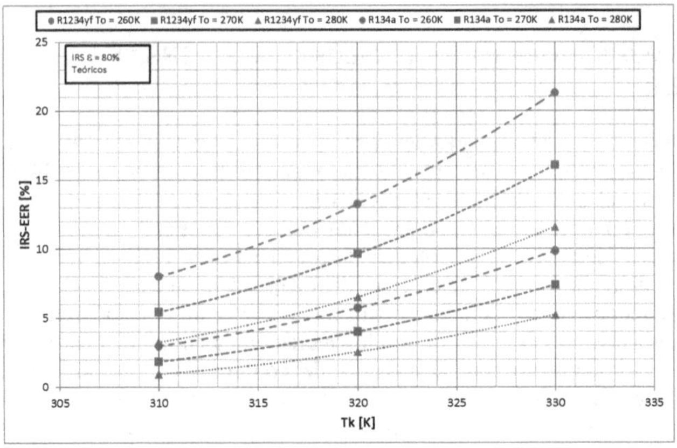

Fig. 3.47. Influencia del IRS en el EER entre ambos fluidos en función de la temperatura de condensación, para una eficiencia del 80%.

Por otra parte, la influencia del IRS será mayor cuanto mayor sea su eficiencia. En la Fig. 3.47 se presenta el aumento del EER en términos relativos para distintas temperaturas de evaporación y condensación, pero considerando un IRS con una eficiencia más alta, del 80%. El efecto de la temperatura de condensación y evaporación sigue siendo el mismo, y los incrementos en el EER siguen siendo superiores para el

R1234yf. Sin embargo, el aumento de la eficiencia ha dado lugar a incrementos del EER más altos. Así, los incrementos en el EER son de entre 3.25% y 21.29% para el R1234yf y de entre 0.94% y 9.84% para el R134a.

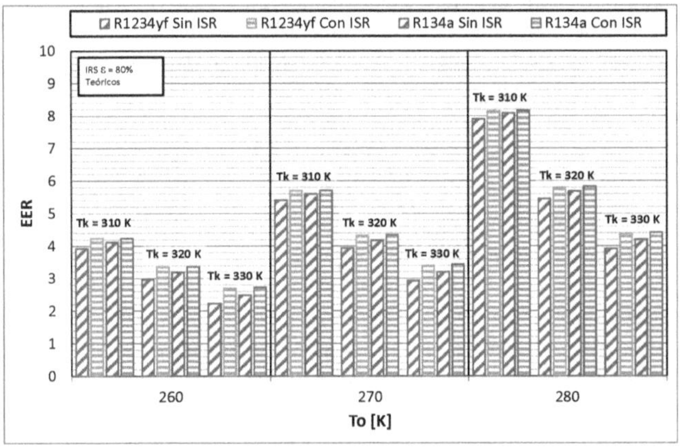

Fig. 3.48. EER de ambos fluidos con y sin IRS en función de la temperatura de evaporación, para una eficiencia del 80%.

Siendo la influencia del IRS más alta para el R1234yf, se puede dar el caso de que para ciertas condiciones de funcionamiento y eficiencias del IRS altas, el EER, que sin el uso del IRS era siempre más alto para el R134a, pase a ser más alto para el R1234yf, o con valores muy similares. Así, en la Fig. 3.48 se muestran los valores del EER para todas las condiciones de funcionamiento, con y sin IRS, considerando una eficiencia del IRS alta, del 80%. Se observa como para temperaturas de evaporación bajas y medias los valores del EER son prácticamente iguales para ambos fluidos. Por otra parte se observa cómo el EER del ciclo con IRS funcionando con R1234yf es superior al EER del ciclo sin IRS funcionando con R134a.

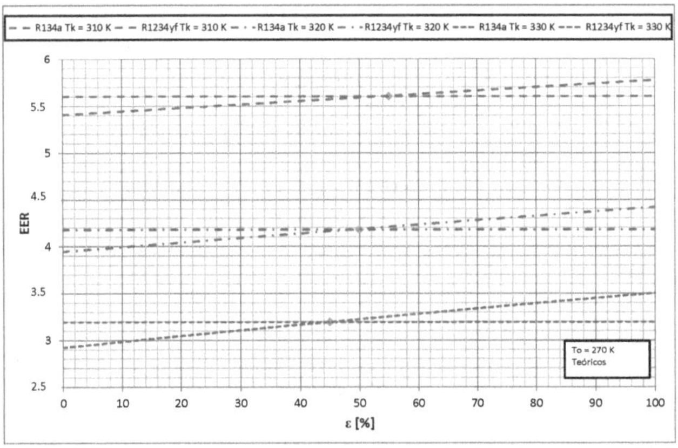

Fig. 3.49. EER del R134a sin IRS y del R1234yf con IRS en función de la eficiencia del intercambiador.

Por último, en la Fig. 3.49 se muestra una comparativa entre el EER del R134a sin IRS y el del R1234yf con IRS para diferentes eficiencias del intercambiador. Se observa como para una temperatura de evaporación media, a una temperatura de condensación alta el EER del ciclo funcionando con R1234yf alcanza el mismo valor que para el R134a con una eficiencia del IRS del 45%. Para temperaturas de condensación medias y altas corresponden valores de la eficiencia del 50% y del 55% respectivamente.

3.12 CONCLUSIONES DEL CAPÍTULO

En este capítulo se ha realizado un análisis teórico previo del funcionamiento del ciclo frigorífico de compresión de vapor con los refrigerantes R134a y R1234yf mediante el estudio del comportamiento esperado por ambos fluidos.

Se han analizado las principales variables de funcionamiento y como afectan a los principales parámetros energéticos del ciclo, y se ha estudiado la influencia que tiene el IRS.

Se ha visto que el caudal másico presenta variaciones considerables entre el R1234yf y el R134a, siendo los caudales másicos del R1234yf en torno a un 20-26% mayores que los del R134a. Respecto a la potencia frigorífica, se ha observado que la obtenida en el refrigerante R134a es del orden de un 3% a un 11% superior a la que obtenemos con el refrigerante R1234yf. Hemos visto que la potencia calorífica, es de un 3% a un 9% mayor en el refrigerante R134a que en el refrigerante R1234yf. La potencia de compresión del refrigerante R134a y R1234yf son muy similares, teniendo variaciones que comprenden desde el 1% a presiones de evaporación y condensación bajas estando por encima la potencia de compresión del R1234yf al 3% a presiones de condensación y evaporación altas estando por encima la potencia de compresión del refrigerante R134a. La temperatura de descarga del refrigerante R134a se ha observado que es considerablemente mayor que la del R1234yf, siendo en torno a 5-12% superiores en el refrigerante R134a, y en valor absoluto de en torno a 6-8K.

En el caso del EER, se ha visto que el refrigerante R134a presenta mejores valores que los del refrigerante R1234yf, teniendo el EER del refrigerante R134a incrementos respecto al refrigerante R1234yf entre el 2% y el 11%.

Se ha visto que el IRS tiene una influencia significativa, afectando mucho más favorablemente al refrigerante R1234yf que al refrigerante R134a.

Hemos estudiado un IRS trabajando con altas y bajas eficiencias, y se ha visto que siempre introduce una disminución en el caudal másico de refrigerante. Hemos observado que para una eficiencia del 20% existen reducciones entre el 5 y el 6% tanto para el refrigerante R134a como para el refrigerante R1234yf y para una eficiencia del 80% estas reducciones de caudal másico aumentan hasta el 8 y el 21%, comportándose de forma muy similar los refrigerantes R134a y R1234yf. Para la potencia frigorífica, para una eficiencia del 20% vemos que tenemos incrementos del 1 al 7% para el refrigerante R1234yf y del 0 al 3% para el refrigerante R134a y para eficiencias del 80%, vemos que tenemos incrementos del 4 al 25% para el refrigerante R1234yf y del 1 al 11% para el refrigerante R134a con la introducción del IRS. Para la potencia calorífica las variaciones para una eficiencia del 20% son incrementos del 1al 5% para el refrigerante R1234yf y del 0% al 2% para el refrigerante R134a y para una eficiencia del 80% estas aumentan a valores comprendidos entre el 4 al 18% para el refrigerante R1234yf y el 1 al 8% para el refrigerante R134a.

La potencia de compresión se ha visto que no tiene grandes variaciones como consecuencia de la introducción del IRS, siendo estas variaciones inferiores al 1% para una eficiencia del 20% e inferiores al 3% para una eficiencia del 80%, estando siempre la variación de la potencia de compresión del refrigerante R1234yf por encima de la del refrigerante R134a.

En la temperatura de descarga, la introducción de un IRS siempre causa un aumento de ésta, siendo los incrementos bastante similares en ambos refrigerantes y variando entre incrementos del 4 y 11% para una eficiencia del 20% y entre incrementos del 15 y el 45% para una eficiencia de un 80%.

Respecto a la influencia del IRS sobre el EER, para una eficiencia del 20% observamos que el refrigerante R1234yf sufre incrementos en el EER que varían entre el 1 y el 6%, mientras que el refrigerante R134a, reduce estos incrementos a valores que varían entre el 0 y el 2%. Si aumentamos la eficiencia del intercambiador hasta un 80%, el refrigerante R1234yf aumenta los incrementos en el EER a valores comprendidos entre el 3 y el 21%, mientras que el refrigerante R134a adopta valores comprendidos entre el 1 y el 10%.

Es interesante desde el punto de vista teórico analizar que si comparamos el funcionamiento del refrigerante R134a sin IRS y el funcionamiento del refrigerante R1234yf con IRS, con una eficiencia en torno al 50% para el IRS, igualamos el EER del refrigerante R1234yf con la del refrigerante R134a, eliminando por lo tanto la disminución de rendimiento que conlleva la substitución del refrigerante R134a por el refrigerante R1234yf.

CAPÍTULO 4.

DESCRIPCIÓN DE LA INSTALACIÓN EXPERIMENTAL

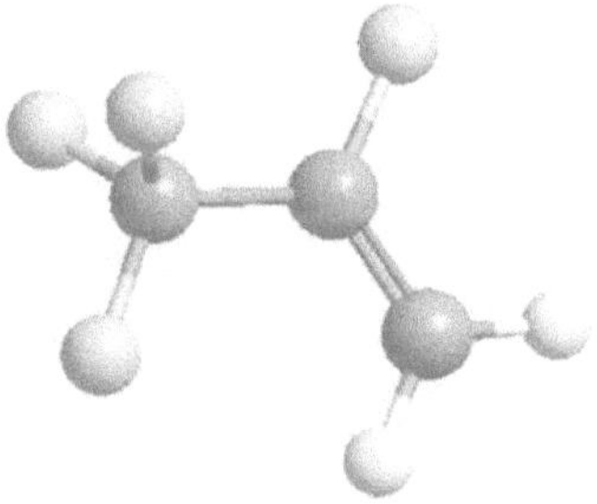

CAPÍTULO 4

DESCRIPCIÓN DE LA INSTALACIÓN EXPERIMENTAL

4.1 INTRODUCCIÓN

Después de haber realizado el análisis teórico, se procede a una descripción de la instalación experimental utilizada, la cual consta de un banco de ensayos para su funcionamiento con R1234yf y R134a y de un circuito de simulación de carga y un circuito de disipación. En el presente capítulo se describe la configuración del sistema, los detalles del banco de pruebas.

La instalación utilizada para el trabajo experimental de la presente tesis doctoral pertenece al grupo ISTENER y está situada en el Laboratorio de Máquinas y Motores Térmicos del Departamento de Ingeniería Mecánica y Construcción de la Universidad Jaume I.

4.2 CIRCUITOS PRINCIPALES DE LA INSTALACIÓN

La instalación completa está formada básicamente por tres circuitos relacionados entre sí, conformando el funcionamiento real de una instalación. El condensador y evaporador trabajan con fluidos secundarios que disponen de circuitos independientes, cada uno de los cuales representa ambientes en los que trabaja una instalación real. Así, se distinguen:

- Circuito frigorífico simple por compresión de vapor, con la opción de activar el uso de un IRS.
- Circuito de calentamiento de la mezcla agua-glicol para el evaporador simulando la carga.
- Circuito de enfriamiento del agua para el condensador simulando condiciones de condensación.

Estos circuitos tienen características particulares que se describen a continuación con mayor detalle.

4.2.1 CIRCUITO FRIGORÍFICO SIMPLE

El circuito frigorífico se muestra en la Fig. 4.1, mientras que en la Fig. 4.2 se puede ver una representación gráfica de los principales componentes unidos mediante sus respectivas líneas de conexión.

Fig. 4.1. Instalación simple de compresión de vapor.

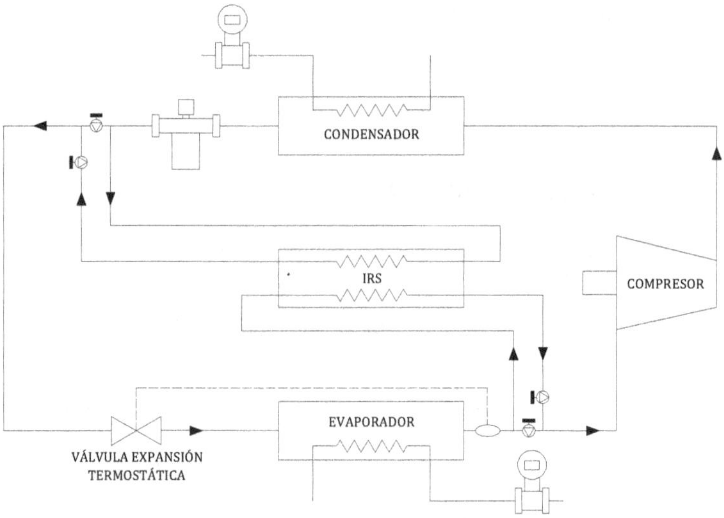

Fig. 4.2 Esquema del circuito frigorífico de compresión de vapor.

El circuito tiene montado un compresor alternativo de tipo abierto, el cual es accionado por un motor eléctrico de 5 kW a través de un sistema de poleas; cuenta además, con una alimentación flexible por medio de un variador de frecuencia, con lo que se permite trabajar a distintas velocidades de giro del compresor. Cuando el vapor sobrecalentado es comprimido, éste se conduce hasta una botella de separación de aceite y luego pasa directamente al condensador. Este intercambiador de calor es del tipo carcasa y tubos (shell-and-tube), con un paso por carcasa y dos por tubos; el refrigerante circula por el lado de la carcasa mientras el agua lo hace por dentro de los tubos. En el condensador, el refrigerante proveniente de la descarga del compresor se enfría hasta una condición de saturación para su posterior condensación y subenfriamiento. Después circula a través de un filtro deshidratador hasta llegar a la válvula de expansión termostática. Seguidamente, el refrigerante entra en el evaporador, el cual también es del tipo carcasa y tubos, circulando el refrigerante por dentro de los tubos y la mezcla de agua-glicol lo hace por fuera. La configuración del intercambiador es de dos pasos por tubos y uno por carcasa. El refrigerante sale del evaporador con cierto grado de recalentamiento y es enviado finalmente al compresor, cerrando de esta manera el circuito frigorífico. Además, el circuito frigorífico cuenta con un intercambiador intermedio, que puede utilizarse o no, que aumenta el subenfriamiento del líquido antes de pasar por la válvula de expansión y el recalentamiento del vapor antes de entrar al compresor. Su descripción en detalle se verá en el apartado 4.3 y su instrumentación en el apartado 4.4.

4.2.2 CIRCUITO SECUNDARIO DEL EVAPORADOR

En un proceso de refrigeración por evaporación el fluido secundario es enfriado como consecuencia de la transmisión de calor al refrigerante que se evapora. Por ello, la instalación experimental cuenta con un circuito de aportación de carga térmica para mantener las condiciones de operación del fluido secundario. El circuito de aportación de carga se muestra en la Fig. 4.3.

El evaporador está diseñado para que el fluido secundario pueda ser una mezcla de agua-glicol. Ésta es calentada en un depósito mediante una configuración de resistencias eléctricas diseñadas con el fin de simular la carga térmica que se pretende enfriar.

La mezcla agua-glicol, enfriada previamente en el evaporador, es transportada hacia el depósito a través de la bomba. Dentro del depósito y en la parte inferior existen tres resistencias de inmersión de 1.7 kW cada una. Estas cuatro resistencias pueden ser controladas por medio de un punto de consigna, consiguiendo mantener aproximadamente constante la temperatura de entrada del fluido secundario al evaporador, lo que es posible mediante un control de estas resistencias a través de un PID. Además, en el depósito existen otras dos resistencia eléctricas de 5.2 kW cada una para aumentar la carga según sea la condición de interés.

Fig. 4.3. Circuito secundario de aportación de carga térmica al evaporador

El circuito cuenta con un manómetro para el conocimiento de la presión que se tiene en el tanque, y un vaso de expansión para absorber el aumento de volumen que se produce al variar la temperatura de la mezcla. En cuanto a la instrumentación, dado que se requiere el caudal y temperaturas de la mezcla, se dispone de un caudalímetro electromagnético con un error máximo de $\pm 0.33\%$ y dos termopares de superficie, tipo K, que miden la temperatura a la entrada y salida del evaporador con una precisión de $\pm$ 0.3K. Las Fig. 4.4 a Fig. 4.9 ilustran los equipos que físicamente están ubicados en el circuito aportador de carga (CAC).

Fig. 4.4. Vaso de expansión del CAC.

Fig. 4.5. Caudalímetro electromagnético del CAC.

Fig. 4.6. Depósito acumulador.

Fig. 4.7. Bomba de empuje del CAC.

Fig. 4.8. Manómetro del CAC.

Fig. 4.9. PID.

En la Tabla 4.1 se muestran las especificaciones técnicas generales de los componentes de mayor interés que forman parte del circuito de aportación de carga. Estos datos son referenciados en los catálogos por el fabricante y a través de las placas de información.

Tabla 4.1. Especificaciones técnicas generales del CAC.

Vaso de expansión	Marca ELBI Presión máx. 1 MPa Volumen: 18 L Temperatura: -10°C a 99°C	**Caudalímetro**	Marca: ADMAG SE Tamaño: 25 mm Potencia: 10 W Corriente: 4-20 mA Precisión de ± 0.33%
Depósito acumulador	Marca Idrogas Modelo: 100-AR-A Volumen: 100 L Presión máx. 0.6 MPa Temp. máx. 60°C	**Bomba de empuje**	Marca SACI Caudal: 1-6 m^3/h Potencia: 1.8kW
Sonda de temperatura	Tipo K Precisión de ± 0.3K	**Manómetro**	Rango: 0-0.6 MPa

4.2.3 CIRCUITO DE DISIPACIÓN TÉRMICA DEL CONDENSADOR

En un sistema de compresión de vapor se produce un calentamiento del fluido secundario utilizado como agente condensante, causado por el desrecalentamiento y posterior condensación del vapor descargado por el compresor hasta llegar a condiciones de líquido subenfriado. Por lo tanto, nuestra instalación dispone de un sistema para disipación de tal calor cedido en el proceso de condensación y simula de esta forma las condiciones externas del condensador.

El fluido secundario con que trabaja el condensador es agua, que es enfriada en un sistema auxiliar para compensar el calor que absorbe al paso por el condensador. El sistema auxiliar está formado por un conjunto de bomba de calor comercial y aerotermos. El conjunto nos permite controlar las condiciones de condensación de la instalación bajo estudio.

La Fig. 4.10 muestra el circuito de disipación (simulación de condiciones de condensación). El agua, tras su paso por el condensador, sale con una temperatura mayor y se enfría en el sistema auxiliar de disipación para mantener constante las condiciones del fluido secundario a la entrada del condensador. La bomba de empuje proporciona el movimiento del fluido por el circuito. El manómetro nos indica la presión a la cual se encuentra el circuito, que por lo general se mantiene en 0.19 MPa aproximadamente. Tras el manómetro el circuito de disipación cuenta con un vaso de expansión por seguridad, tras él está el caudalímetro electromagnético para la medición del caudal, que es registrada por el sistema de adquisición de datos, y posteriormente la enfriadora.

Fig. 4.10. Esquema del circuito de disipación de calor.

El caudal volumétrico del agua puede ser variado manualmente por medio de una válvula de equilibrado. El rango de variación en la disminución de temperatura del agua por los aerotermos se logra mediante un variador de frecuencia para los ventiladores que va de 15 a 50 Hz. Las Fig. 4.11 a Fig. 4.17 ilustran los equipos que físicamente están ubicados en el circuito disipador de calor (CDC).

Fig. 4.11. Bomba de empuje del CDC.

Fig. 4.12. Manómetro del CDC.

Fig.4.13. Vaso de expansión del CDC.

Fig. 4.14. Caudalímetro electromagnético del CDC.

Fig.4.15. Enfriadora.

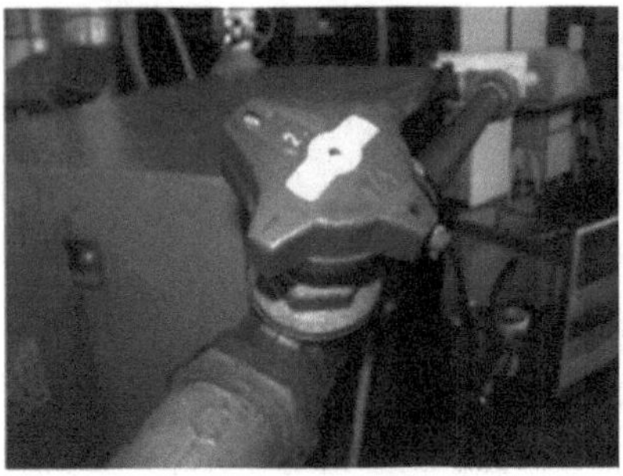

Fig. 4.16. Válvula de equilibrado STAD.

Fig. 4.17. Aerotermos.

Las especificaciones técnicas generales de los componentes principales del circuito de disipación de calor (CDC) se muestran en la Tabla 4.2.

Tabla 4.2. Especificaciones técnicas generales del CDC.

Bomba de calor auxiliar	Marca Clima Roca York Modelo: LCA-90-BRAW-90 Potencia eléctrica calor: 3.1 kW Potencia eléctrica frío: 2.72 kW Refrigerante R22, R134a	**Aerotermo**	Marca BTU Potencia: 35.5 kW * Flujo de aire: 2.7 m^3/h
Vaso de expansión	Marca ZILMET Capacidad: 5L	**Bomba de empuje**	Marca SACI Caudal: 2.6-15 m^3/h Potencia: 0.8 kW
Caudalímetro electromagnético	Marca: ADMAC SE Tamaño: 25 mm Presión min. Fluido: 0.1 MPa Potencia: 10 W Corriente: 4-20 mA Precisión de $\pm 0.33\%$	**Manómetro**	Rango: 0-1 MPa
		Sonda de temperatura	Tipo K Precisión de $\pm 0.3K$

4.3 ELEMENTOS PRINCIPALES DE LA INSTALACIÓN

En esta sección comentaremos las características geométricas y técnicas de mayor interés de los principales componentes del circuito frigorífico. En esta sección se pretende mostrar un desglose de aquellos parámetros que caracterizan a los componentes. La descripción presentada de los equipos lleva una secuencia acorde a la dirección del flujo refrigerante por el circuito.

4.3.1 COMPRESOR Y BOTELLA DE SEPARACIÓN DE ACEITE

El compresor montado en la instalación es un compresor alternativo de tipo abierto de la marca Bitzer, modelo V [117]. Estos compresores se caracterizan por conseguir la reducción de volumen asociado al aumento de presión mediante movimiento longitudinal de un pistón en el interior del cilindro. Así, el compresor dispone de carcasa independiente, estando conectado al motor mediante una transmisión mecánica a través de poleas. En la Tabla 4.3 se comentan los principales parámetros técnicos de este componente, que se muestra en la Fig. 4.18.

Fig. 4.18. Acoplamiento motor-compresor.

Tabla 4.3. Datos geométricos y técnicos del motor-compresor.

Número de cilindros	2
Diámetro de la camisa (mm)	85
Carrera del pistón (mm)	60
Diámetro polea del motor (mm)	180
Diámetro polea compresor (mm)	450
Correas trapezoidales (DIN 2215)	2 x 17
Carga de aceite (dm^3)	2.5
Régimen de giro mínimo (rpm)	400
Régimen de giro máximo (rpm)	600
Volumen desplazado* (m^3/h)	23.1
Potencia frigorífica ** (kW)	6.36
R134a	

* Para un régimen de giro de 565 rpm

** $T_{succ} = 20°C$, $GS = 0°C$, $T_{cond} = 30°C$, $T_{evap} = -15°C$, $motor = 1450$ rpm

El refrigerante al salir del compresor pasa por una botella de separación de aceite. La función de este componente básicamente es la separación y recuperación del aceite transportado por el gas refrigerante en la fase de vapor a la salida del compresor. Limita la cantidad de aceite en el circuito frigorífico, permitiendo así aumentar el rendimiento de los intercambiadores de calor y evitar la obstrucción de la válvula de expansión y el desgaste anormal de los compresores por falta de aceite. La botella de separación de aceite es de la marca ESK; se muestra en la Fig. 4.19 y los datos técnicos en la Tabla 4.4. El aceite que se usa en la instalación es synthetic polyol ester (POE).

Tabla 4.4. Datos técnicos de la botella de separación de aceite.

Modelo	OS-22
Volumen (L)	3.5
Temperatura máx. (ºC)	100
Presión máx. (MPa)	2.8

Fig. 4.19. Botella de separación de aceite.

El refrigerante, desde la descarga del compresor hasta que entra al condensador, pasa a través de la línea de descarga. Ésta, debido al espacio y posicionamiento de los distintos componentes de la instalación, está sobredimensionada en su longitud, ocasionando un enfriamiento del refrigerante.

4.3.2 CONDENSADOR

El condensador tiene un diseño del tipo multitubular de carcasa y tubos de la marca COFRICA, modelo RS-25. El diseño posibilita su inspección para la limpieza por ambos extremos. El intercambiador está expuesto a la intemperie, ocasionando un porcentaje de pérdida de energía al ambiente. La Fig. 4.20 ilustra el componente físico montado en la instalación.

Los datos técnicos presentados en la Tabla 4.5 son datos proporcionados por el fabricante, los cuales son obtenidos empleando agua por el lado de los tubos bajo las siguientes condiciones:

- Temperatura entrada de agua: 29.4 ºC
- Temperatura salida de agua: 35 ºC
- Temperatura de condensación: 40.6 ºC
- Factor de ensuciamiento: 0.0000239 hm^2 ºC/kJ

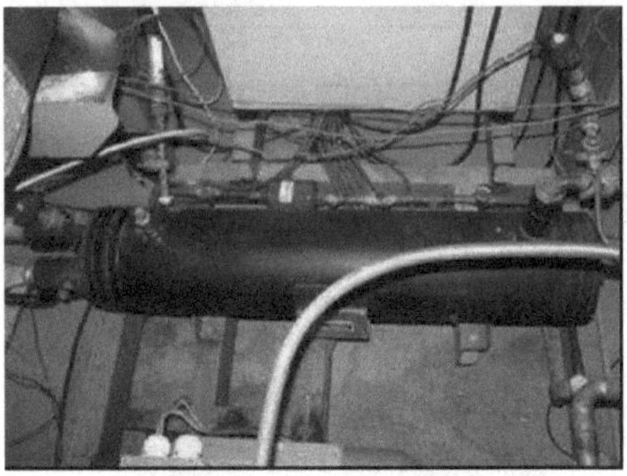

Fig. 4.20. Condensador.

Tabla 4.5. Datos geométricos y técnicos del condensador.

Capacidad (kW)	25.8
Caudal lado carcasa (m^3/h)	3.7
Pérdida de presión lado carcasa (MPa)	0.043
Volumen lado carcasa (m^3)	0.0175
Volumen lado de los tubos (m^3)	0.0024
Número de tubos (2 pasos)	10
Superficie lado refrigerante (m^2)	2.87
Diámetro interno de los tubos (m)	0.013
Diámetro externo de los tubos (m)	0.016
Diámetro externo de la carcasa (m)	0.195
Diámetro interno de la carcasa (m)	0.183
Longitud de la carcasa (m)	0.87
Longitud del tubo (m)	0.8
Distancia entre centros en los tubos (m)	0.0195

Tabla 4.5. Datos geométricos y técnicos del condensador (Continuación)

Distancia entre tubos (m)	0.0035
Número de bafles	4
Número de filas de tubos verticales	4
Material de construcción: acero al carbono	

A la salida del condensador se encuentra un filtro deshidratador que sirve para mantener el mínimo de humedad dentro del circuito. El agua y la humedad en circulación con el refrigerante es uno de los enemigos principales en un circuito frigorífico, pues puede acarrear problemas a corto y largo plazo dependiendo del tipo de refrigerante e instalación. Un problema puede ser la obstrucción de la válvula de expansión debido a la formación de cristales de hielo a la salida de la válvula. Para evitar este tipo de problemas y algunos otros, se hace uso de un filtro deshidratador a la salida del condensador. La Fig. 4.21 ilustra el tipo de filtro montado en la instalación, mientras que la Tabla 4.6 muestra los datos técnicos del mismo.

Fig. 4.21. Filtro deshidratador.

Tabla 4.6. Datos técnicos del filtro deshidratador.

Modelo	4016/5
Tipo de bolas: molecular	
Volumen (m^3)	0.00025
Presión máx. (MPa)	2.8

4.3.3 VÁLVULA DE EXPANSIÓN TERMOSTÁTICA

Después de que el fluido refrigerante pasa a través del filtro deshidratador, se dirige a la válvula de expansión (TXV), Fig. 4.22. Ésta controla el caudal de líquido que entra en el evaporador, permitiendo el llenado de líquido en el evaporador para producir el frío de manera correcta y óptima, y evita que el compresor tenga golpes de líquido. En el esquema funcional de la TXV, Fig. 4.23, vemos que consta de un elemento termostático (1) separado del cuerpo de la válvula por una membrana. El elemento termostático está en contacto con un bulbo (2) a través de un tubo capilar, un cuerpo de válvula (3) y un resorte (4). Cuando la válvula regula, existe un balance entre la presión del bulbo por un lado de la membrana, y la presión de evaporación y del resorte por el lado opuesto de la membrana. Por medio del resorte o muelle se ajusta el grado de recalentamiento estático según sean las condiciones de operación. La Tabla 4.7 ofrece información técnica de la válvula de expansión [118].

Fig. 4.22. Válvula de expansión termostática.

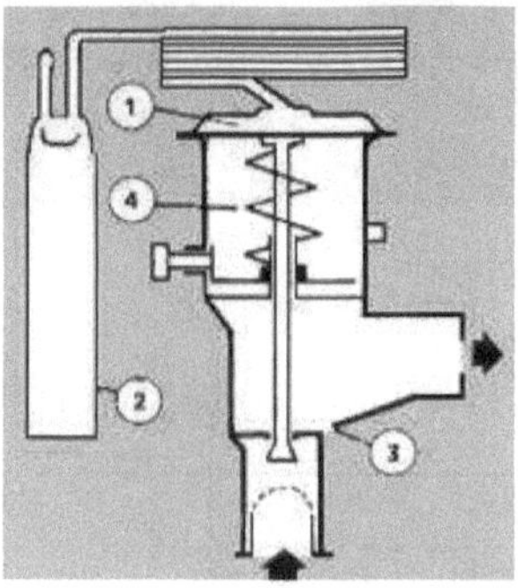

Fig. 4.23. Esquema funcional de la válvula de expansión termostática.

Tabla 4.7. Datos técnicos de la válvula de expansión.

Presión máxima de trabajo (MPa)	3.4
Clasificación	Rango N, -40ºC a 10ºC
Tipo de válvula	TN2
Modelo	068Z3346
Compensación	interna
Longitud de tubo capilar (m)	1.5
Conexión entrada x salida (mm)	10 x 12
Orificio	06
Capacidad (kW)	10.5

4.3.4 EVAPORADOR

El evaporador de la instalación es de la serie TE17 marca ONDA. La Fig. 4.24 muestra que este intercambiador se encuentra totalmente aislado. Los datos técnicos presentados en la Tabla 4.8 son datos proporcionados por el fabricante empleando agua por el lado de la carcasa bajo las siguientes condiciones de operación:

- Temperatura entrada de agua: 12 ºC
- Temperatura salida de agua: 7 ºC
- Temperatura de evaporación: 2 ºC
- Temperatura de condensación: 45 ºC
- Grado de recalentamiento: 5 ºC
- Factor de ensuciamiento nulo

El fabricante proporciona valores para el factor de ensuciamiento de acuerdo a porcentaje de glicol presente en la mezcla de la manera siguiente:

- Agua normal en circuito cerrado, 0.000043 m^2K/W
- Agua en circuito abierto, 0.000086 m^2K/W
- Solución con glicol < 40%, 0.000086 m^2K/W
- Solución con glicol > 40%, 0.000172 m^2K/W

Fig. 4.24. Evaporador.

Tabla 4.8. Datos geométricos y técnicos del evaporador.

Capacidad (kW)	17
Caudal lado carcasa (m^3/h)	2.9
Pérdida de presión lado carcasa (MPa)	0.019
Volumen lado carcasa (m^3)	0.008
Volumen lado de los tubos (m^3)	0.0033
Número de tubos (2 pasos)	38
Superficie lado refrigerante (m^2)	1.81
Diámetro interno de los tubos (m)	0.00822
Diámetro externo de los tubos (m)	0.00952
Diámetro interno de la carcasa (m)	0.131
Longitud del tubo (m)	0.92
Distancia entre centros en los tubos (m)	0.01142
Distancia entre tubos (m)	0.0019
Número de bafles	3

4.3.5 INTERCAMBIADOR DE RECALENTAMIENTO SUBENFRIAMIENTO

El intercambiador intermedio o intercambiador de recalentamiento subenfriamiento permite el intercambio de calor simultáneo entre las líneas de líquido y de aspiración del circuito frigorífico. Se trata de un elemento de seguridad, ya que asegura la entrada de líquido a la válvula de expansión y la ausencia de líquido en el compresor. Además, puede ayudar a aumentar la eficiencia energética de la instalación.

El intercambiador de recalentamiento subenfriamiento presente en la instalación es un Packless HRX-250A a contraflujo de tubos concéntricos. El tubo interior está corrugado para aumentar la turbulencia entre ambos flujos de refrigerante. Además, el intercambiador se encuentra totalmente aislado. Las dimensiones del intercambiador se pueden observar en la Fig. 4.25.

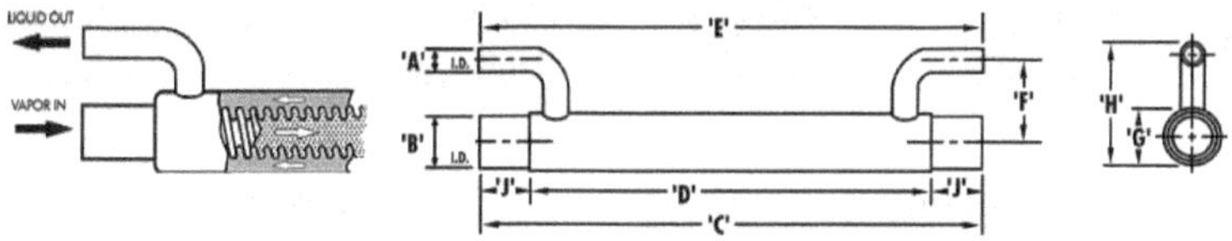

	A	B	C	D	E	F	G	H	I
L (mm)	15.9	34.9	361.9	279.4	361.9	60.3	41.3	90.5	41.3

Fig. 4.25. Intercambiador de recalentamiento subenfriamiento.

4.4 INSTRUMENTACIÓN DEL BANCO DE PRUEBAS

Las variables de interés son tales como la temperatura, presión, flujo másico, régimen de giro, consumo eléctrico, etc. para cuya medida la instalación dispone de una serie de sensores que se describen seguidamente. Es importante resaltar que la instrumentación y calibración de sensores es un factor sustancial para llevar a cabo una buena lectura de datos y al mismo tiempo una validación de los resultados.

Transductores de presión (sensor piezoresistivo): con esta instrumentación se mide la presión a la entrada y salida en todos los componentes del circuito. Son sensores que transforman la presión medida en una señal de 4-20 mA que se lleva al sistema de adquisición de datos, y cuyas características se adecuan bastante bien a señales de presión pulsantes generadas por el compresor alternativo. Estos sensores están calibrados en el laboratorio de Máquinas y Motores Térmicos usando un certificado de referencia, y teniendo el sensor una incertidumbre de $\pm 0.1\%$ sobre el rango de medida, 0 a 0.7 MPa. La Fig. 4.26 muestra un par de sensores piezorresistivos a la entrada y salida del condensador.

(a) (b)

Fig. 4.26. Sensores piezorresistivos localizados en el condensador.

(a) Entrada. (b) Salida.

Sondas diferencial de presión: con esta instrumentación se mide la diferencia de presión entre la entrada y la salida en ambas partes del intercambiador de recalentamiento subenfriamiento. Son sensores que transforman la diferencia de presión medida en una señal de 4-20 mA que es recogida por el sistema de adquisición de datos. La incertidumbre asociada a la medida de las caídas de presión de estos sensores son de ± 0.01 kPa. En la Fig. 4.27 se observa una de las sondas diferenciales de presión.

Fig. 4.27. Sondas diferenciales de presión.

Sondas de temperatura: las sondas que están montadas en la instalación son termopares tipo K (cromel, Cr+Ni / alumel Ni+Al) con la unión expuesta para medir. Se escoge este tipo sensores debido a la rapidez de respuesta ante las variaciones de temperatura, y porque son sondas activas que no necesitan de alimentación eléctrica. Estos sensores al igual que los transductores de presión están calibrados usando el certificado de referencia, teniendo su lectura un error de ±0.3 K. Los sensores de temperatura se localizan también a la entrada y salida de los distintos componentes. En la Fig. 4.28 se puede apreciar una sonda de temperatura colocada en la succión del compresor.

Fig. 4.28. Sonda de temperatura en la aspiración del compresor.

Caudalímetro másico: el flujo másico de refrigerante es medido con un caudalímetro másico por efecto Coriolis que proporciona una gran fiabilidad y precisión en el sistema de medida; está certificado con una precisión de ± 0.22% de la lectura. Este sensor va montado en la línea que une el condensador con las válvulas de expansión, de manera que se mide flujo másico de refrigerante en fase líquida, Fig. 4.29.

Fig. 4.29. Caudalímetro másico

Analizador de redes: este instrumento proporciona el consumo eléctrico on-line del motor-compresor, y tiene una calibración especificada con una incertidumbre de ± 0.5%, Fig. 4.30.

Fig. 4.30. Analizador de redes

Sensor inductivo: con este tipo de sensor la velocidad de rotación del compresor es obtenida on-line con una incertidumbre del ± 1%. En la Fig. 4.31 se ilustra el sensor montado en paralelo al volante del compresor.

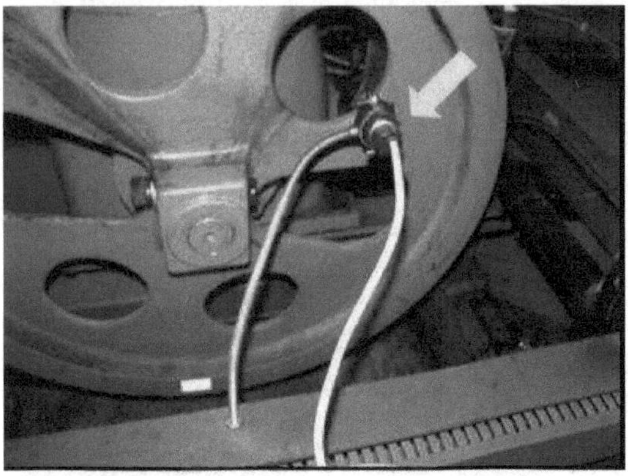

Fig. 4.31. Sensor inductivo.

Caudalímetros electromagnéticos: son empleados para conocer el caudal del agua glicolada en el evaporador y del agua en el condensador. El error de estos equipos es ± 0.33%.

La instalación también cuenta con variadores de frecuencia, resistencias eléctricas, válvulas, potenciómetros, etc. que permiten modificar, dentro de un rango permitido, las variables características de la instalación. Por ejemplo, en la Fig. 4.32 se muestra el variador de frecuencia con el cual es posible variar el régimen de giro del compresor. Esto proporciona flexibilidad para poder realizar análisis en distintas condiciones de operación y generar transitorios por cambio en las revoluciones del compresor.

Fig. 4.32. Variador de frecuencia ALTIVAR28.

La instrumentación que acabamos de comentar para la medida de propiedades termodinámicas, caídas de presión, caudales volumétricos y másico y régimen de giro del compresor se representan en el esquema de la Fig. 4.33, donde T indica termopar, P sonda de presión, ΔP caídas de presión, M caudalímetro másico, Q caudalímetro volumétrico y N el sensor de régimen de giro del compresor.

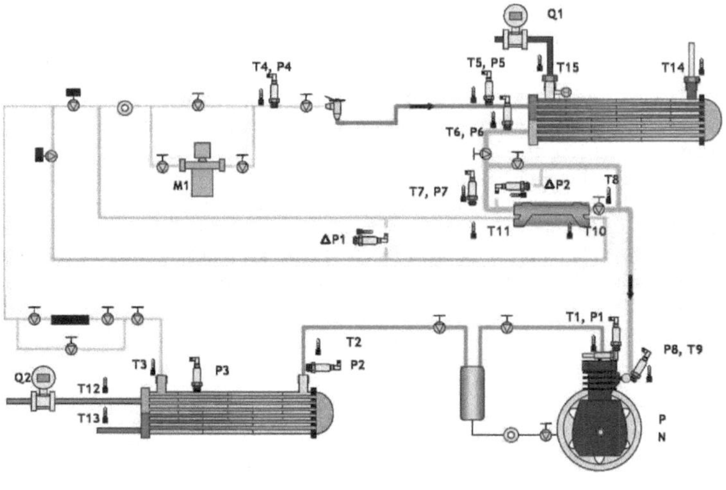

Fig. 4.33. Localización de sensores y parámetros medidos.

4.4.1 INCERTIDUMBRE EN LAS MEDICIONES

En el apartado anterior hemos presentado la instrumentación utilizada junto con el error asociado a la lectura del instrumento. Seguidamente, Tabla 4.9, mostramos un resumen de la incertidumbre en las mediciones. Esos errores se han de tener en cuenta en los cálculos de los parámetros que están dados en función de esas variables medidas para determinar la propagación total del error, por lo que es necesario conocer la magnitud del error absoluto para dichas variables.

Tabla 4.9. Incertidumbre en las mediciones.

Flujo volumétrico	**Temperatura**	**Presión**	**Potencia**	**Flujo másico**	**Régimen de giro**	**Caídas de presión**
Caudalímetro electromagnético	Termopares tipo K	Transductor de presión	Wattímetro digital	Efecto Coriolis	Sensor inductivo	Transductor diferencial de presión
± 0.33%	± 0.3K	± 0.7kPa	± 0.5%	±0.22%	± 1%	± 0.01kPa

4.5 SISTEMA DE ADQUISICIÓN DE DATOS

La instalación cuenta con una aplicación gráfica para visualización en tiempo real de los datos, indicando la magnitud de la medición de temperatura, presión, régimen de giro, caudal, etc. Las señales obtenidas de todos los elementos sensores e instrumentos de medida se dirigen a un sistema de adquisición de datos de National Instruments SCXI 1000, el cual está compuesto por una unidad principal y tres módulos multiplexores (ver Fig. 4.34). Este sistema se conecta a un ordenador que permite monitorizar en tiempo real la instalación a través de software propio programado en el entorno LABVIEW. Aquí las señales son tratadas y por medio del software MatLab, y utilizando librerías dinámicas de REFPROP [119] se realiza un procedimiento de cálculo para estimar parámetros de funcionamiento de la instalación como potencias y eficiencias.

Fig. 4.34. Sistema de adquisición de datos

En la Fig. 4.35 se vemos un esquema del proceso de adquisición, tratamiento y visualización de datos. El interfaz de usuario comentado, que muestra en tiempo real el comportamiento de la instalación, recogiendo todos los datos proporcionados por los sensores de la instalación y los cálculos termodinámicos esenciales, se muestra con más detalle en la Fig. 4.36. La evolución de cada una de las variables se puede visualizar haciendo click en cada una de las pestañas o ventanas de la interfaz gráfica.

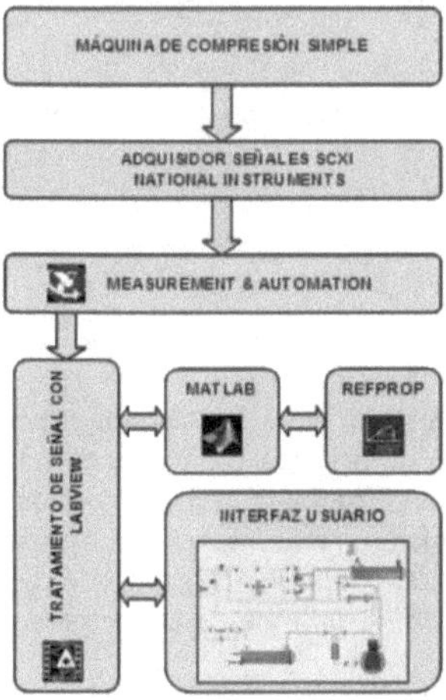

Fig. 4.35. Esquema del proceso de adquisición y visualización de datos

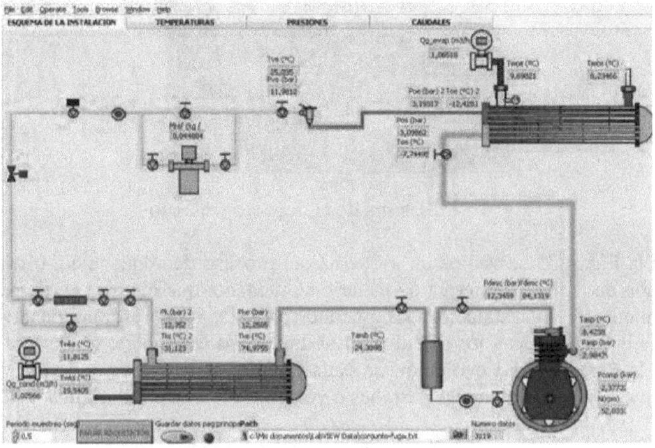

Fig. 4.36. Interfaz gráfica de la aplicación.

4.6 CONCLUSIONES DEL CAPÍTULO

En este capítulo se ha descrito la instalación experimental usada en esta tesis doctoral. Esta instalación está constituida básicamente por tres circuitos: el frigorífico (con los cuatro componentes principales característicos: evaporador, condensador, compresor y válvula de expansión), y los dos circuitos secundarios, uno de aportación de calor (simulando la carga del evaporador), y otro de disipación de calor (simulando el ambiente a donde se transfiere el calor desde el refrigerante en el condensador).

En relación con los componentes del circuito frigorífico, se han mostrado de forma general las características técnicas y geométricas. Hemos descrito también la instrumentación que tiene montada la instalación y el sistema de adquisición y visualización de datos asociado, elementos imprescindibles para la validación de los resultados. La adquisición de datos se realiza mediante las sondas de presión y temperatura en la entrada y salida de cada componente y mediante los medidores de caudal, consumo eléctrico y régimen de giro del compresor. De estos instrumentos de medida, correctamente calibrados, hemos visto la incertidumbre correspondiente con lo que podemos conocer la incertidumbre de las magnitudes derivadas. Por último, también hemos mencionado la interfaz gráfica para visualizar el comportamiento de la instalación en tiempo real.

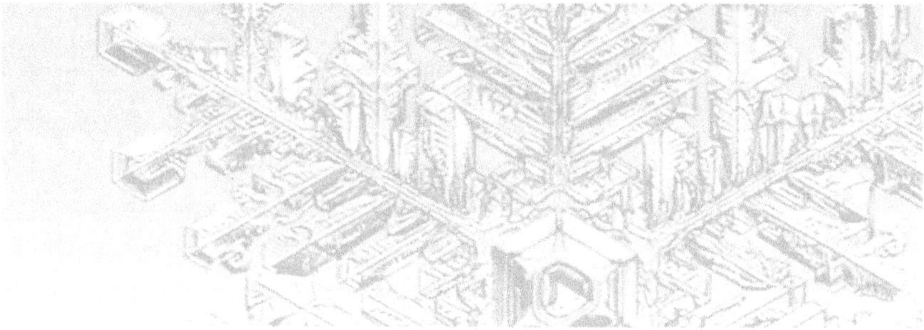

CAPÍTULO 5.

ENSAYOS Y TRATAMIENTO DE LOS DATOS EXPERIMENTALES

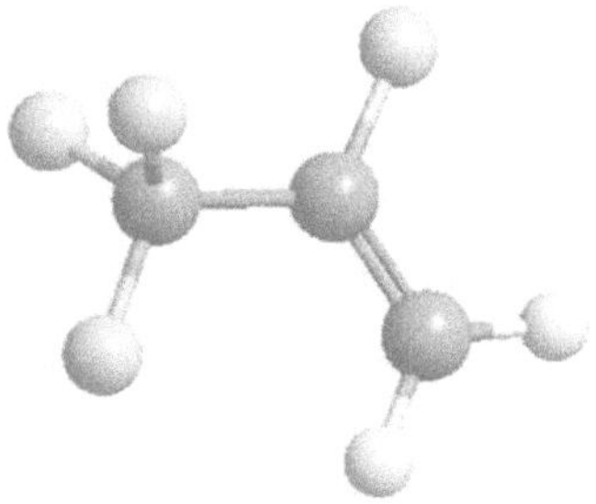

CAPÍTULO 5

ENSAYOS Y TRATAMIENTO DE DATOS EXPERIMENTALES

5.1 INTRODUCCIÓN

Para llevar a cabo un estudio detallado del comportamiento del R1234yf, y compararlo con el comportamiento del R134a, ha sido necesario realizar un conjunto de medidas en determinados puntos del ciclo de compresión de vapor con el objetivo de conocer en un amplio rango de condiciones de operación el comportamiento de ambos fluidos. Para ello se ha utilizado el banco de ensayos que se ha descrito en el capítulo anterior. La instalación experimental dispone de instrumentación para recoger datos que nos permitan evaluar el comportamiento del R1234yf frente a distintas condiciones y compararlo con el del R134a.

En este capítulo se explica cómo se ha efectuado la planificación de los ensayos, así como la metodología empleada para llevarlos a cabo. Además, se detalla el procesamiento de los datos experimentales, describiendo como se obtiene cada uno de los distintos parámetros energéticos así como las variables de dependencia que se analizaran con posterioridad en el Capítulo 6. Así mismo, se realizará una validación de los datos cálculos con el fin de verificar que las mediciones aportan datos válidos para realizar el estudio. Por último, se estudiará cómo afecta a los resultados la propagación de errores derivada de la incertidumbre asociada a los instrumentos de medida.

En la Fig. 5.1 podemos ver, esquemáticamente, el banco de ensayos junto con los puntos de medición, tanto en el circuito frigorífico como en los circuitos secundarios, y la nomenclatura utilizada en este capítulo.

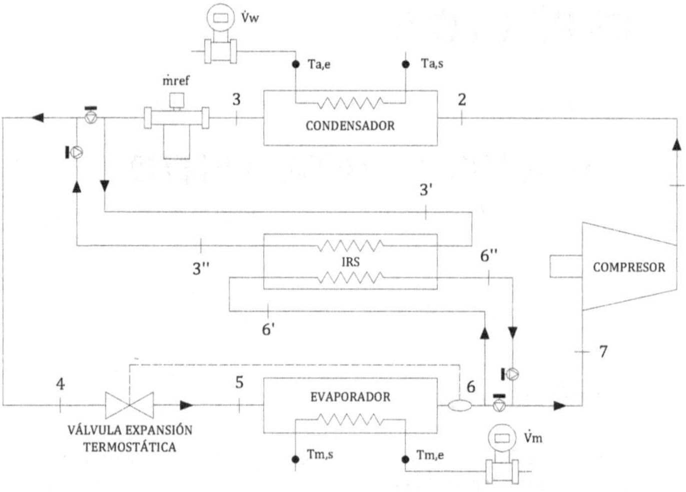

Fig. 5.1. Esquema del banco de ensayos.

5.2 PLANIFICACIÓN DE ENSAYOS

Para llevar a cabo un estudio minucioso del comportamiento del sistema y de sus componentes, tal y como hemos comentado con anterioridad, se ha realizado un conjunto de medidas en un amplio rango de funcionamiento para evaluar en distintas condiciones el comportamiento del refrigerante en la instalación. Estas condiciones se muestran en la Tabla 5.1.

Tabla 5.1. Parámetros y rango de variación.

Parámetros Controlados	**Intervalo**
Temperatura de condensación (T_k)	310 – 330 (K)
Temperatura de Evaporación (T_o)	260 – 280 (K)
Uso de IRS	ON/OFF
Refrigerante	R134a/R1234yf

En concreto, para cubrir los intervalos mencionados en la tabla anterior, se procedió a realizar una lista de ensayos, recogida en la Tabla 5.2.

Tabla 5.2. Lista de ensayos realizados.

Ensayo	Refrigerante	T. evaporación	T. condensación	IRS
1	R134a	260	310	ON
2	R134a	260	310	OFF
3	R134a	260	320	ON
4	R134a	260	320	OFF
5	R134a	260	330	ON
6	R134a	260	330	OFF
7	R134a	270	310	ON
8	R134a	270	310	OFF
9	R134a	270	320	ON
10	R134a	270	320	OFF
11	R134a	270	330	ON
12	R134a	270	330	OFF
13	R134a	280	310	ON
14	R134a	280	310	OFF
15	R134a	280	320	ON
16	R134a	280	320	OFF
17	R134a	280	330	ON
18	R134a	280	330	OFF
19	R1234yf	260	310	ON
20	R1234yf	260	310	OFF
21	R1234yf	260	320	ON
22	R1234yf	260	320	OFF
23	R1234yf	260	330	ON
24	R1234yf	260	330	OFF
25	R1234yf	270	310	ON
26	R1234yf	270	310	OFF
27	R1234yf	270	320	ON
28	R1234yf	270	320	OFF
29	R1234yf	270	330	ON
30	R1234yf	270	330	OFF
31	R1234yf	280	310	ON
32	R1234yf	280	310	OFF
33	R1234yf	280	320	ON
34	R1234yf	280	320	OFF
35	R1234yf	280	330	ON
36	R1234yf	280	330	OFF

5.3 PROCEDIMIENTO DE ENSAYOS

Una vez seleccionado el ensayo a realizar, se actúa sobre el banco de ensayos para tratar de alcanzar las condiciones de operación deseada en el ensayo. A continuación se estabiliza el ciclo lo más cerca posible de las condiciones fijadas en el ensayo. Para estabilizar el ciclo, nuestro objetivo es establecer un punto de trabajo estable de la máquina donde las variables fijadas para caracterizar el ensayo se aproximen lo más posible a los datos que nos muestra en tiempo real el adquisidor de datos.

Para lograr que el punto de trabajo sea el buscado, es necesario actuar sobre los siguientes factores del banco de ensayos:

Temperatura y caudal de agua en el circuito secundario del evaporador.

Como por el diseño del banco de ensayos esperamos que el salto térmico en el evaporador entre la temperatura de evaporación y la temperatura de entrada del fluido secundario sea aproximadamente de 5 grados centígrados, haremos una primera aproximación fijando la temperatura del fluido secundario en el depósito en 5 grados centígrados por encima de la temperatura de evaporación que queremos alcanzar en el ensayo, para seguidamente realizar un ajuste más fino a medida que el ciclo alcanza el punto de funcionamiento estacionario.

Para controlar la temperatura del circuito secundario del evaporador, tal y como se ha descrito en el Capítulo 4, el banco de ensayos cuenta con un controlador PID que permite una carga variable de resistencias eléctricas que, de forma precisa, controla la temperatura, manteniéndola en un valor fijado previamente. Si el salto térmico entre la temperatura de evaporación y la temperatura de entrada del fluido secundario está por encima del deseado, en base al diseño del banco de ensayos, aumentaremos el caudal del circuito secundario. Cuando el salto térmico anteriormente citado esté por debajo del deseado, disminuiremos el caudal del circuito secundario. El aumento o disminución del caudal del fluido secundario a través del evaporador se consigue mediante un variador de frecuencia instalado en la bomba de recirculación. El caudal circulante se mide mediante un caudalímetro electromagnético instalado.

Temperatura y caudal de agua en el circuito secundario del condensador.

Dependiendo de las condiciones ambientales y la temperatura de condensación que queremos alcanzar en el ensayo, se optará por trabajar con el circuito secundario sólo con el aerodisipador o con el aerodisipador y la enfriadora. De forma similar al caso anterior, ajustaremos la temperatura del circuito secundario de condensación 5 grados centígrados por debajo de la temperatura de condensación que queremos alcanzar en el ensayo y, posteriormente, realizaremos un ajuste más fino para que el punto de funcionamiento estacionario del ciclo sea el buscado.

Para controlar la temperatura del circuito segundario del condensador, disponemos de un variador de frecuencia sobre los ventiladores del aerodisipador y un control de temperatura sobre la enfriadora. Adicionalmente, al igual que en el caso del evaporador, también se pueden realizar cambios en el caudal de agua del circuito de disipación. En el caso del circuito de disipación del condensador, el aumento o disminución del caudal del fluido secundario se consigue mediante el ajuste de una válvula de equilibrado, que ajusta la pendiente hidráulica del circuito. El caudal circulante también se mide mediante un caudalímetro electromagnético instalado.

Grado de recalentamiento estático en la válvula de expansión.

Por último intentamos ajustar el grado de recalentamiento útil de la instalación mediante la válvula de expansión para alcanzar el grado de recalentamiento deseado.

5.4 SELECCIÓN DE ESTACIONARIOS

En los ensayos, tenemos que ser capaces de separar los datos obtenidos en el periodo transitorio, que necesita la máquina para estabilizarse, y los obtenidos una vez alcanzado el estado estacionario de equilibrio.

Para saber que ya hemos alcanzado el estado estacionario, el proceso que se sigue consiste en tomar un periodo de veinte minutos con intervalo de toma de muestras de 0.5 segundos, y comprobar que las variables de control (presión de evaporación, presión de condensación, temperaturas y flujo másico) se mantienen estables dentro un rango establecido. El intervalo considerado para las presiones de evaporación y condensación es de ±2.5 kPa, el de las temperaturas es de ±0.5 K y el del flujo másico de ±0.0005 kg/s, como se recoge en la Tabla 5.3.

Tabla 5.3. Desviaciones admisibles en régimen estacionario

Magnitud de medida	**Desviación admisible**
Temperatura de Evaporación	±0.5 K
Temperatura de Condensación	±0.5 K
Presión de Evaporación	±2.5 kPa
Presión de Condensación	±2.5 kPa
Flujo Másico	±0.0005kg/s
Recalentamiento Útil	±0.5 K

Cuando se ha verificado que el ciclo se encuentra en estado estacionario, se realiza la media de todas las mediciones para una misma variable durante un periodo de 5 minutos, es decir, 600 datos. En la Fig. 5.2 se muestra un ejemplo de la variación existente entre los datos obtenidos en cada punto del ensayo y el valor medio calculado.

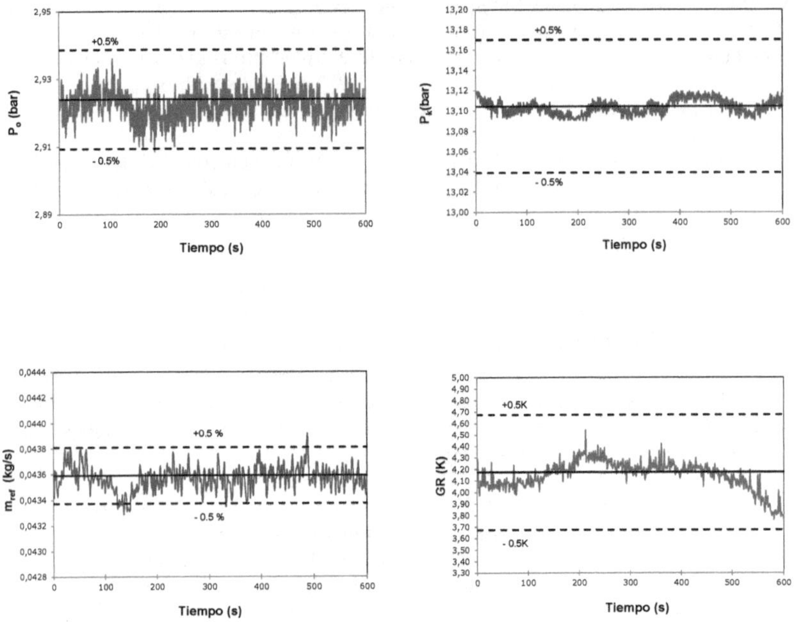

Fig. 5.2. Variabilidad de los ensayos en régimen estacionario para diferentes parámetros.

5.5 TRATAMIENTO DE LOS DATOS

En este apartado se explicará cómo se calculan los parámetros derivados de las mediciones efectuadas sobre la instalación. Concretamente desarrollaremos el cálculo de la potencia frigorífica, la potencia calorífica, el análisis del compresor y el cálculo del COP/EER. Previamente definiremos una serie de cálculos básicos necesarios para poder desarrollar los cálculos anteriores.

Para simplificar el tratamiento de datos tomaremos únicamente dos presiones de funcionamiento: la presión de evaporación y la presión de condensación. La presión de evaporación se obtendrá como el promedio entre la presión de entrada y de salida del evaporador y la presión de condensación se obtendrá como el valor de la medición de la sonda ubicada en la carcasa del condensador.

Para el cálculo del Grado de Recalentamiento Útil (GRU) en el evaporador calcularemos la temperatura de saturación a la salida del evaporador, utilizando la medida obtenida en la sonda de presión ubicada a la salida del evaporador (P6). De este modo contemplamos las pérdidas de presión existentes en el evaporador. Esto mismo es lo que realiza la válvula de expansión termostática de la instalación gracias al compensador de presión que lleva instalado. La diferencia entre la temperatura medida mediante el termopar ubicado a la salida del evaporador (T6) y la temperatura de saturación a la presión de salida del evaporador (P6) será el grado de recalentamiento útil en el evaporador, como se indica en la Ec. 5.1.

$$GRU = T6 - Tsat(P6) \qquad (5.1)$$

Para el cálculo del Grado de Subenfriamiento (GS) en el condensador calculamos la temperatura de saturación correspondiente a la presión medida en la sonda instalada en la carcasa del condensador (Pk). El grado de subenfriamiento será la diferencia de temperaturas existentes entre la temperatura medida en el termopar instalado a la salida del condensador (T3) y la temperatura de saturación anteriormente calculada, tal como se indica en la Ec. 5.2.

$$GS = Tsat(Pk) - T3 \qquad (5.2)$$

En los ensayos con intercambiador de recalentamiento-subenfriamiento (IRS), el cálculo de los saltos de temperatura existentes entre la entrada y salida del IRS, tanto en el lado de líquido como en el de vapor se realiza mediante la diferencia de temperaturas entre los termopares instalados en la entrada y la salida del intercambiador. De este modo, los saltos de temperaturas se calculan mediante las Ec. 6.3 y Ec. 6.4, para el lado de vapor y el lado de líquido, respectivamente.

$$\Delta T_{IRS,liq} = T3' - T3'' \qquad (5.3)$$

$$\Delta T_{IRS,vap} = T6'' - T6 \qquad (5.4)$$

Para calcular el Grado de Subenfriamiento Total (GST) calcularemos la diferencia entre la temperatura medida por el termopar a la entrada de la válvula de expansión (T4) y la temperatura de saturación a la presión de condensación (Pk). Esta temperatura se calculará del mismo modo independientemente de que el intercambiador de recalentamiento subenfriamiento este activado o no, pero evidentemente, aumentará sustancialmente al activar el IRS. La expresión de cálculo es la que se indica en la Ec. 5.5.

$$GST = Tsat(Pk) - T4 \qquad (5.5)$$

Para calcular el Grado de Recalentamiento Total (GRT) el intercambiador de recalentamiento-subenfriamiento, al igual que en el caso anterior, no tendrá influencia sobre la ecuación del cálculo. Sin embargo, sí influirá en la forma de calcular el Grado de Recalentamiento No Útil (GRNU), donde si tendremos en cuenta si el intercambiador de recalentamiento-subenfriamiento está activado o no.

En caso de que no esté activado, el grado de recalentamiento total será la suma del recalentamiento útil y el no útil. El grado de recalentamiento no útil se obtendrá como la diferencia entre el termopar en la aspiración del compresor (T7) y el termopar a la salida del evaporador (T6). Las Ec. 5.6 y Ec. 5.7 muestran las expresiones de cálculo.

$$GRNU = T7 - T6 \tag{5.6}$$

$$GRT = GRU + GRNU = T6 - Tsat(P6) + T7 - T6 = T7 - Tsat(P6) \tag{5.7}$$

En caso de que sí tengamos activado el intercambiador de recalentamiento-subenfriamiento, el grado de recalentamiento total se calculará del mismo modo, pero no deberíamos contar como grado de recalentamiento no útil el salto de temperaturas existentes en el intercambiador de recalentamiento-subenfriamiento. En este caso, por lo tanto, el grado de recalentamiento no útil será la diferencia entre el grado de recalentamiento total y el salto de temperaturas en el lado del vapor del intercambiador de recalentamiento-subenfriamiento junto con el grado de recalentamiento útil. Las expresiones de cálculo son las indicadas en las Ec. 5.8 y Ec. 5.9.

$$GRNU = T7 - T6" + T6' - T6 = GRT - \Delta T_{IRSvap} - GRU \tag{5.8}$$

$$GRT = GRU + GRNU + \Delta T_{IRSvap} = T7 - Tsat(P6) \tag{5.9}$$

Para el cálculo de las entalpías utilizaremos las funciones de cálculo que nos facilita el software REFPROP v9.0 [119], utilizando distintas variables termodinámicas dependiendo del punto en el que nos encontremos. A continuación se indica el procedimiento de cálculo de las variables termodinámicas necesarias para realizar el análisis experimental:

- Cálculo de la entalpía a la entrada del compresor (h7): Las dos variables termodinámicas utilizadas son la presión y la temperatura, siendo la presión la medida en la sonda de aspiración del compresor (P7) y la temperatura la medida en el termopar de aspiración (T7).

- Cálculo de la densidad a la entrada del compresor (ρ7): Las dos variables termodinámicas utilizadas son la presión y la temperatura, siendo la presión la medida en la sonda de aspiración del compresor (P7) y la temperatura la medida en el termopar de aspiración (T7).

- Cálculo de la entropía a la entrada del compresor (s7): Las dos variables termodinámicas utilizadas son la presión y la temperatura, siendo la presión la medida en la sonda de aspiración del compresor (P7) y la temperatura la medida en el termopar de aspiración (T7).

- Cálculo de la entalpía a la salida del compresor (h1): Las dos variables termodinámicas utilizadas son la presión y la temperatura, siendo la presión la medida en la sonda de descarga del compresor (P1) y la temperatura la medida en el termopar de descarga del compresor (T1).

- Cálculo de la entalpía a la entrada del condensador (h2): Las dos variables termodinámicas utilizadas son la presión y la temperatura, siendo la presión la medida en la sonda de entrada al condensador (P2) y la temperatura la medida en el termopar de entrada al condensador (T7).

- Cálculo de la entalpía a la salida del condensador (h3): Las dos variables termodinámicas utilizadas son la presión y la temperatura, siendo la presión la medida en la sonda de la carcasa del condensador (Pk) y la temperatura la medida en el termopar de salida del condensador (T3).

- Cálculo de la entalpía a la entrada del intercambiador de recalentamiento-subenfriamiento en el lado de vapor (h6´): Las dos variables termodinámicas utilizadas son la presión y la temperatura, siendo la presión la medida en la sonda de entrada al intercambiador de recalentamiento subenfriamiento (P6´) y la temperatura la medida en el termopar de entrada del IRS en el lado vapor (T6´).

- Cálculo de la entalpía a la salida del intercambiador de recalentamiento-subenfriamiento en el lado de vapor (h6”): Las dos variables termodinámicas utilizadas son la presión y la temperatura, siendo la presión la medida en la sonda de entrada al intercambiador de recalentamiento subenfriamiento (P6´) menos la caída de presión medida en la sonda de presión diferencial del lado de vapor del IRS (ΔPv) y la temperatura la medida en el termopar de salida del IRS en el lado vapor (T6”).

- Cálculo de la entalpía a la entrada del intercambiador de recalentamiento-subenfriamiento en el lado de líquido (h3´): Las dos variables termodinámicas utilizadas son la presión y la temperatura, siendo la presión la media entre la medida en la sonda de la carcasa del condensador (Pk) y la presión de entrada a la válvula de expansión (P4) y la temperatura la medida en el termopar de entrada al IRS en el lado de líquido (T3´).

- Cálculo de la entalpía a la salida del intercambiador de recalentamiento-subenfriamiento en el lado de líquido (h3”): Las dos variables termodinámicas utilizadas son la presión y la temperatura, siendo la presión la media entre la medida en la sonda de la carcasa del condensador (Pk) y la presión de entrada a la válvula de expansión (P4) menos la caída de presión medida en la sonda de presión diferencial del lado de líquido del IRS (ΔPl) y la temperatura la medida en el termopar de salida al IRS (T3”).

- Cálculo de la entalpía a la entrada de la válvula de expansión (h4): Las dos variables termodinámicas utilizadas son la presión y la temperatura, siendo la presión la medida en la sonda de entrada a la válvula de expansión (P4) y la temperatura la medida en el termopar de entrada a la válvula de expansión (T4).

- Cálculo de la entalpía a la entrada del evaporador (h5): Como suponemos la expansión isoentálpica, suponemos que es igual a la entalpía de entrada a la válvula de expansión, es decir, h5=h4.

- Cálculo de la entalpía a la salida evaporador (h6): Las dos variables termodinámicas utilizadas son la presión y la temperatura, siendo la presión la medida en la sonda de salida del evaporador (P6) y la temperatura la medida en el termopar de salida del evaporador (T6).

5.5.1 CÁLCULO DE LA POTENCIA FRIGORÍFICA

Definimos la potencia frigorífica como el producto del caudal másico de refrigerante y la diferencia de entalpías existentes entre la entrada y la salida del evaporador. La potencia frigorífica se transfiere al circuito secundario de agua glicolada, con lo que podemos calcular la potencia frigorífica de forma análoga como el producto del caudal másico del fluido secundario en el evaporador por su calor específico y el salto de temperaturas del fluido secundario en el evaporador.

En el esquema de la instalación mostrado anteriormente en la Fig. 5.1 la entrada del evaporador por el lado del refrigerante se corresponde con el punto 5 y la salida con el punto 6. Por tanto, para calcular la potencia frigorífica utilizaremos la expresión que se indica en la Ec. 5.10.

$$\dot{Q}_o = \dot{m}_m \overline{C_{pm}} \Delta T_m = \dot{m}_{ref}(h6 - h5) \qquad (5.10)$$

5.5.2 CÁLCULO DE LA POTENCIA CALORÍFICA

Definimos la potencia calorífica como el producto del caudal másico de refrigerante y la diferencia de entalpías existentes entre la salida del compresor y la salida del condensador. La potencia calorífica se transfiere al circuito secundario de agua de disipación de carga, con lo que podemos calcular la potencia calorífica de forma análoga como el producto del caudal másico del fluido secundario en el condensador por su calor específico y el salto de temperaturas del fluido secundario en el condensador.

En el esquema de la instalación mostrado anteriormente en la Fig. 5.1 la salida del compresor se corresponde con el punto 1 y la salida del condensador con el punto 3. Por tanto, para calcular la potencia calorífica utilizaremos la expresión que se indica en la Ec. 5.11.

$$\dot{Q}_k = \dot{m}_a \overline{C_{pa}} \Delta T_a = \dot{m}_{ref}(h1 - h3) \qquad (5.11)$$

5.5.3 ANÁLISIS DEL COMPRESOR

El análisis del compresor se basa en el cálculo de la potencia eléctrica consumida, el rendimiento global del compresor y el rendimiento volumétrico obtenido con los fluidos analizados.

5.5.3.1 POTENCIA CONSUMIDA

La potencia consumida es una medida directa del motor eléctrico del compresor obtenida mediante el watímetro instalado. Para validar la precisión de esta medición se han utilizado adicionalmente dos fuentes diferentes, un analizador de redes modelo CHAUVIN ARNOUX CA8334B, y la salida de potencia obtenida del variador de frecuencia de la propia instalación, modelo Telemecanic Altivar 28. La medición finalmente utilizada incluye el consumo del mismo variador de frecuencia, cuyo valor se mantiene aproximadamente constante a 250W. Este consumo de potencia en el variador de frecuencia no se sustrae de la potencia consumida en el compresor al considerarlo como parte del consumo del motor eléctrico, y por tanto de la instalación.

5.5.3.2 RENDIMIENTO GLOBAL

El rendimiento global se ha obtenido como el ratio entre la potencia consumida ideal y la potencia consumida medida. La potencia consumida ideal se obtiene como el producto del caudal másico de refrigerante ideal por el salto entálpico considerando la compresión como isoentrópica. Para realizar el cálculo se toma la presión de aspiración y la temperatura de aspiración como punto inicial de la compresión y como salida tomamos la correspondiente a la presión de descarga y la entropía de entrada.

Podemos descomponer el rendimiento global como el producto del rendimiento isoentrópico y el rendimiento electromecánico. El hecho de que el compresor no sea totalmente adiabático, tal y como se observa en la Fig. 5.3, junto con el hecho de que las mediciones de temperaturas y presiones en la aspiración y descarga del compresor tienen en cuanta las pérdidas de carga en las válvulas de admisión y descarga del compresor, dificulta la medición del rendimiento isoentrópico. Por tanto, éste y el rendimiento electromecánico no son calculados, englobándolos en el anteriormente descrito rendimiento global.

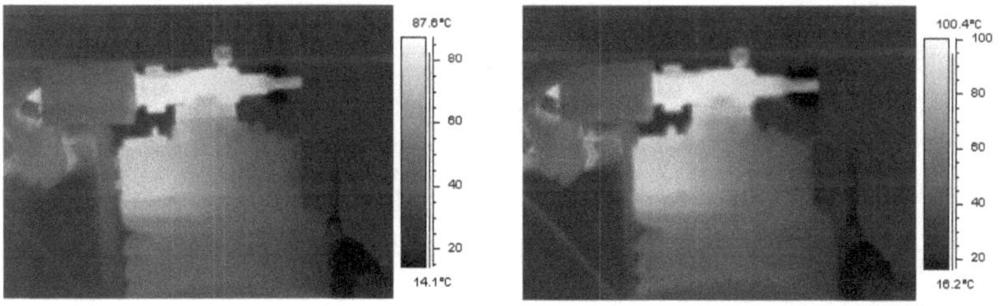

Fig. 5.3. Termografías de la culata del compresor.

Por todo lo anteriormente expuesto, el rendimiento global se calcula según la expresión de la Ec. 5.12.

$$\eta_g = \eta_i \cdot \eta_{em} = P_{ideal}/P_{medida} \qquad (5.12)$$

La potencia medida es la obtenida por el watímetro, mientras que la potencia ideal corresponde a la calculada de acuerdo con la Ec. 5.13, siendo h1s la entalpía correspondiente a la presión a la salida del compresor (P1) y la entropía a la entrada del compresor (s7).

$$P_{ideal} = \dot{m}_{ref}(h1s - h7) \qquad (5.13)$$

5.5.3.3 RENDIMIENTO VOLUMÉTRICO

El rendimiento volumétrico se obtiene como el cociente entre el caudal másico de refrigerante real obtenido experimentalmente mediante el caudalímetro de coriolis y el ideal calculado a partir del volumen geométrico del compresor, el régimen de giro del mismo y la densidad del refrigerante en la aspiración, tal y como se indica en las Ec. 5.14 y Ec. 5.15.

$$\eta_v = \dot{m}_{ref}/\dot{m}_{ideal} \qquad (5.14)$$

$$\dot{m}_{ideal} = V_g \cdot N \cdot \rho_7/60 \qquad (5.15)$$

5.5.4 CÁLCULO DEL COP Y DEL EER

El EER se obtiene como el cociente entre la potencia frigorífica experimental, obtenida tal y como se ha descrito anteriormente, y la potencia eléctrica consumida por el motor, según la Ec. 5.16.

$$EER = \dot{Q}_o/P_c \qquad (5.16)$$

El COP se obtiene como el cociente entre la potencia calorífica experimental, obtenida tal y como se ha descrito anteriormente, y la potencia eléctrica consumida por el motor, según la Ec. 5.17.

$$COP = \dot{Q}_k/P_c \qquad (5.17)$$

5.6 VALIDACIÓN DE LAS MEDICIONES

Para realizar la validación de las medidas, dado que en el evaporador tomamos medidas tanto en el circuito primario (circuito del refrigerante) como en el secundario (circuito de la mezcla agua/glicol), podemos aplicar un balance para comprobar que la potencia frigorífica medida en ambos lados es la misma. La representación para cada uno de los ensayos de esta validación se muestra en la Fig. 5.4.

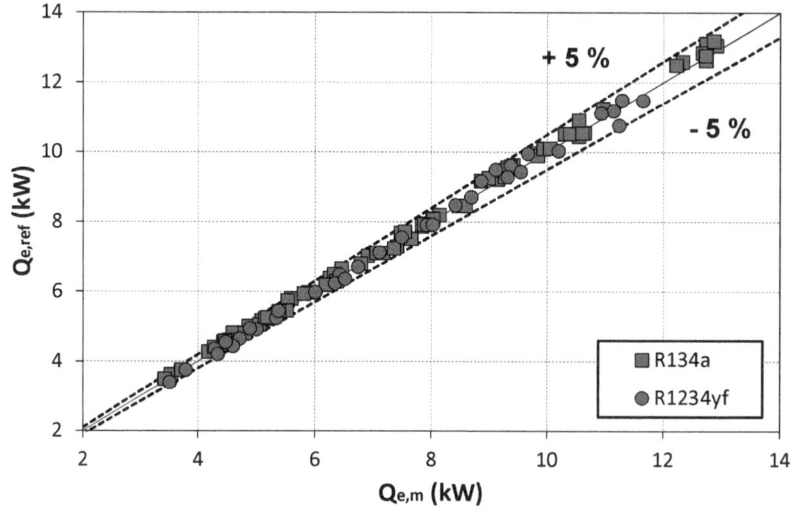

Fig. 5.4. Potencia frigorífica en el lado del refrigerante y en el lado del circuito secundario.

La capacidad frigorífica en el lado del refrigerante es obtenida como el producto del caudal másico ($\dot{m}_{ref}$) calculado experimentalmente mediante el caudalímetro de coriolis y la diferencia de las entalpías a la entrada al evaporador (h_5) y a la salida del evaporador (h_6), calculándose esas entalpias mediante el uso de las presiones y temperaturas medidas experimentalmente por las sondas de presión y temperatura. La potencia frigorífica es por lo tanto la que se muestra en la Ec. 18.

$$\dot{Q}_{e,ref} = \dot{m}_{ref}(h6 - h5) \qquad (5.18)$$

La capacidad frigorífica en el lado de la mezcla agua/glicol se obtiene mediante el caudal medido experimentalmente mediante el caudalímetro en el circuito secundario del evaporador, el calor a presión constante de la mezcla y la diferencia de temperaturas existentes entre la entrada ($T_{m,e}$) y la salida ($T_{m,s}$) al evaporador.

$$\dot{Q}_{e,m} = \dot{m}_m \overline{C_{pm}} \Delta T_m \qquad (5.19)$$

5.7 ANÁLISIS DE INCERTIDUMBRE

Dado que los instrumentos empleados tienen errores asociados, se ha llevado a cabo un análisis de incertidumbre en las medidas obtenidas, así como de las magnitudes evaluadas de forma indirecta a través de los datos experimentales obtenidos.

En cuanto a las incertidumbres asociadas a las variables medidas directamente a partir de la instrumentación disponible en el banco de ensayos, sus valores se dieron ya en el Capítulo 4. De todos modos, se vuelven a recoger en la Tabla 5.4.

Tabla 5.4. Incertidumbre en las mediciones.

Flujo volumétrico	**Temperatura**	**Presión**	**Potencia**	**Flujo másico**	**Régimen de giro**	**Caídas de presión**
Caudalímetro electromagnético	Termopares tipo K	Transductor de presión	Vatímetro digital	Efecto Coriolis	Sensor inductivo	Transductor diferencial de presión
± 0.33%	± 0.3K	± 0.7kPa	± 0.5%	±0.22%	± 1%	± 0.01kPa

Cuando hacemos los cálculos de los distintos parámetros derivados de estas mediciones, el error existente se propaga y es función de las variables medidas, por lo que es necesario considerar la magnitud del error absoluto existente en cada medida.

Partiendo de la ley de propagación de errores de Taylor [120], se tiene que el error asociado a cada una de las magnitudes es una función de la incertidumbre de los instrumentos de medida empleados. Partiendo de esta ley se tiene lo expresado en la Ec. 5.20.

$$\varepsilon_y = \sqrt{\sum_{i=1}^{n} \left| \frac{\partial f(y)}{\partial x_i} \right|^2 \varepsilon_i^2} \qquad (5.20)$$

dónde:

ε_y es el error absoluto de la magnitud y
f es una función que describe la magnitud y.
χ_i son las variables independientes de la función f.
ε_i es la incertidumbre propia del instrumento con el que se mide la propiedad x_i

La evaluación de la incertidumbre de las variables termodinámicas calculadas (como la entalpía) se define a partir de la ley de propagación del error, siendo en este caso la ecuación de estado de la que depende esta propiedad función de la presión y la temperatura. Sin embargo, siendo el modelo de la ecuación de estado una función desconocida, las derivadas parciales correspondientes se aproximaran por medio de pequeños incrementos.

Con lo que respecto a los parámetros calculados, obtenemos los valores de la incertidumbre asociada a ellos tal y como se muestra en la Tabla 5.5.

Tabla 5.5. Incertidumbre asociada a los parámetros calculados

Q_o (kW)	Q_k (kW)	COP	EER	η_v	η_g
0.58%	0.53%	2.13%	2.15%	1.14%	2.38%

5.8 CONCLUSIONES DEL CAPÍTULO

En este capítulo se ha expuesto cómo se ha efectuado la planificación de los ensayos y la metodología empleada. Se ha detallado el procesamiento de los datos experimentales y se ha descrito cómo se ha obtenido cada uno de los distintos parámetros energéticos y las variables de dependencia. Así mismo, se ha explicado con detalle cómo separamos los datos del periodo transitorio del estacionario y cómo se calculan los parámetros derivados de las mediciones efectuadas sobre la instalación. Se ha realizado una validación de los cálculos realizados para verificar las mediciones y se ha estudiado como afectan en los resultados la propagación de errores derivada de la incertidumbre asociada a los instrumentos de medida.

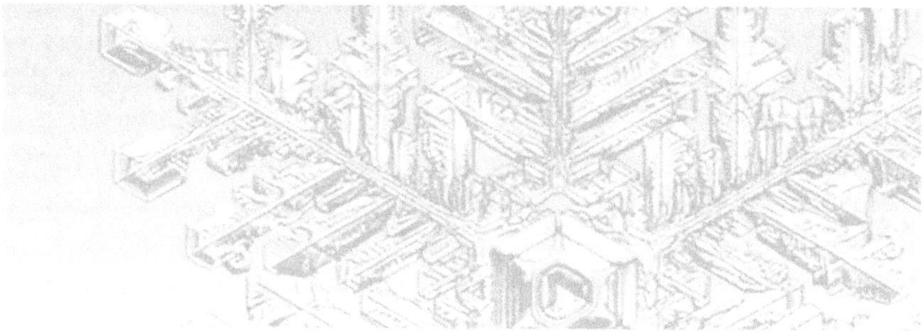

CAPÍTULO 6.

ANÁLISIS DE LOS RESULTADOS EXPERIMENTALES

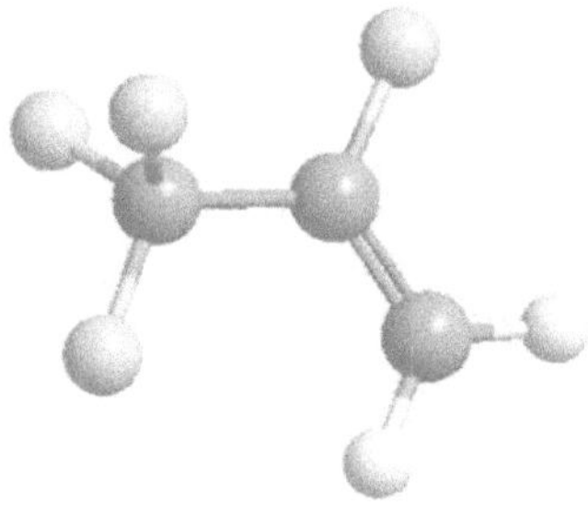

CAPÍTULO 6

ANÁLISIS DE LOS RESULTADOS EXPERIMENTALES

6.1 INTRODUCCIÓN

En este capítulo se va a efectuar un análisis del funcionamiento del banco de ensayos con los refrigerantes R134a y R1234yf utilizando datos experimentales, por una parte, y comparando el comportamiento real con el esperado del análisis teórico realizado en el Capítulo 3 para ambos fluidos.

Así, vamos a efectuar un profundo estudio experimental con los resultados obtenidos de los ensayos analizando las principales variables de operación, tales como presiones/temperaturas de evaporación y condensación y el uso del intercambiador de recalentamiento subenfriamiento, y cómo afectan a los principales parámetros energéticos: potencia eléctrica consumida por el compresor, potencias térmicas, EER y COP.

De manera similar a lo realizado en el estudio teórico del Capítulo 3, dada la influencia que tiene sobre los principales parámetros energéticos, comenzaremos este apartado con un estudio del caudal másico de refrigerante circulante, y estudiaremos las diferencias introducidas como consecuencia del rendimiento volumétrico del compresor. El estudio del caudal másico de refrigerante es fundamental pues haremos continuamente referencia a él para la explicación de muchas de las desviaciones observadas respecto al comportamiento teórico.

Posteriormente, se estudiará la potencia frigorífica, la potencia calorífica y la potencia de compresión, para continuar con el análisis del EER y el COP. En este caso, a diferencia del análisis teórico, estudiaremos de forma separara el EER y el COP. También notar, que en el análisis del compresor estudiaremos el comportamiento observado en la temperatura de descarga obtenido con ambos fluidos.

Tras las conclusiones del estudio teórico sobre la introducción de un Intercambiador de Recalentamiento Subenfriamiento (IRS), merece especial interés el estudio experimental de este componente, por lo que se procederá a realizar un estudio detallado de las modificaciones experimentadas en los parámetros anteriores tras la introducción de este elemento.

6.2 ANÁLISIS EXPERIMENTAL DEL CAUDAL MÁSICO DE REFRIGERANTE

Cuando estudiamos el caudal másico de refrigerante circulante en la instalación experimental, la reducción de caudal que se observa respecto al ciclo teórico se debe principalmente a que el rendimiento volumétrico deja de ser unitario y el grado de recalentamiento no útil (hasta la entrada al compresor) deja de ser distinto de cero.

El rendimiento volumétrico en la instalación se obtiene como la relación entre el caudal másico observado y el caudal másico teórico que se trasegaría llenando un volumen igual al de la cilindrada del compresor,

$$\eta_v = \frac{\dot{m}_{ref}}{\dot{m}_o} \tag{6.1}$$

donde $\dot{m}_{ref}$ es medido con el caudalímetro de efecto coriolis y el caudal másico teórico se obtiene como

$$\dot{m}_o = \rho_1 \cdot V_G \frac{N}{60} \tag{6.2}$$

En la Fig. 6.1 se muestra el rendimiento volumétrico en función de la temperatura de condensación a distintas temperaturas de evaporación.

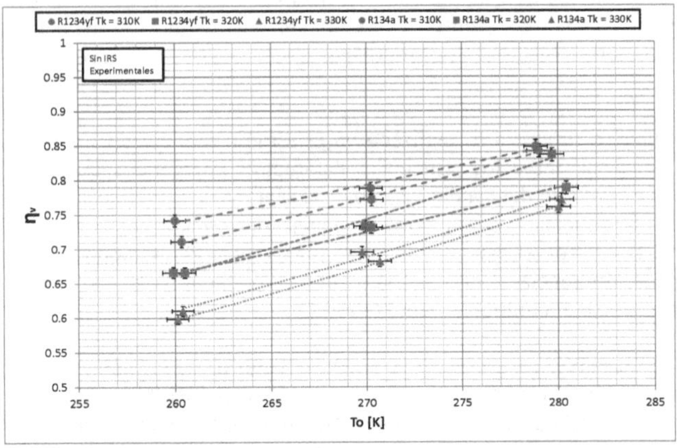

Fig. 6.1. Rendimiento volumétrico en función de la temperatura de evaporación.

La disminución del caudal másico teórico se deriva principalmente en un compresor alternativo a partir de la influencia del espacio muerto, que se define como se observa en la Fig. 6.2, que se traduce en una disminución del caudal volumétrico trasegado respecto al que movería el mismo compresor en caso de ser perfecto.

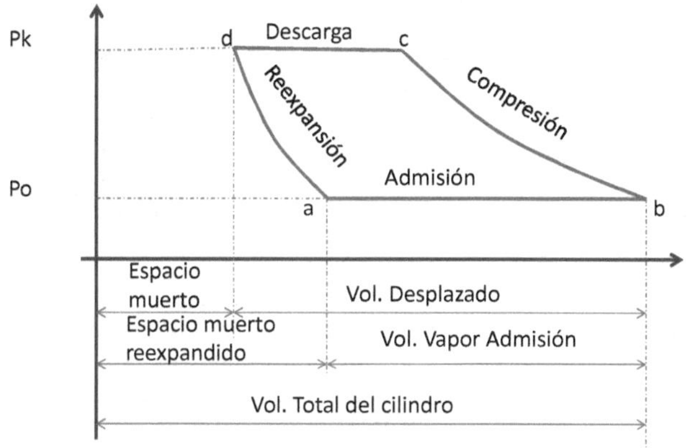

Fig. 6.2. Proceso de compresión en un compresor alternativo. Efecto espacio muerto.

Así, el volumen o espacio muerto en un compresor alternativo es el principal causante de la disminución del rendimiento volumétrico del compresor, pero también se verá fuertemente afectado por la tasa de compresión, pues una presión de descarga más alta causa que la masa contenida de refrigerante al final de la compresión en el espacio muerto del compresor sea mucho mayor y, a su vez, una presión de admisión baja, causa que esa masa contenida en el espacio muerto, cause que el espacio muerto reexpandido aumente.

Otras irreversibilidades existentes en la compresión son la inercia en la actuación y la pérdida de carga introducidas por las válvulas en el compresor, la presencia de fugas en el proceso de compresión, la presencia de lubricante e incondensables y el efecto producido por no ser la compresión adiabática, que causa que el refrigerante en el proceso de admisión absorba calor aumentando su recalentamiento y, por lo tanto, disminuya su densidad y consecuentemente el caudal másico de refrigerante circulante. Esto causa que el proceso de compresión real siga la forma que se muestra en la Fig. 6.3, donde los efectos anteriormente mencionados causan que los procesos de admisión y descarga no sean isóbaros.

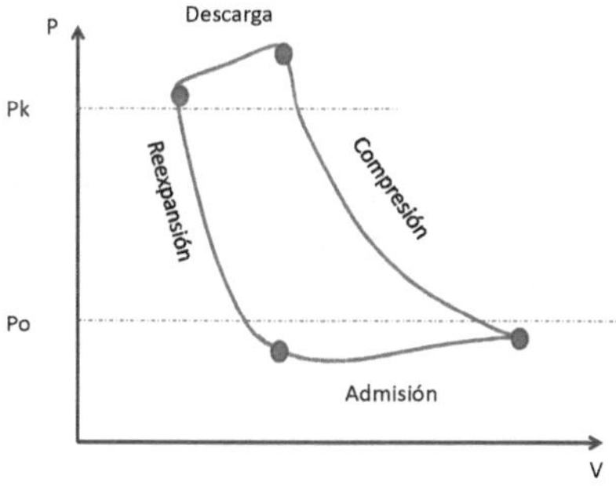

Fig. 6.3. Proceso de compresión en un compresor alternativo. Comportamiento real.

Todo lo que hemos mencionado hasta el momento, explica que el rendimiento volumétrico descienda con la tasa de compresión. Adicionalmente, según se observa en la Fig. 6.1, el rendimiento volumétrico del R134a es siempre mayor que el rendimiento volumétrico del R1234yf. Esto seguramente se deba a que, tal y como se ha analizado en el Capítulo 3 en el punto 3.2, el caudal másico del R1234yf es significativamente mayor que el del R134a, lo que causa mayores pérdidas en los procesos de admisión y descarga.

Respecto al caudal másico de refrigerante, mostramos en las Fig. 6.4 y Fig. 6.5, que es menor que en el caso ideal estudiado en el Capítulo 3, hecho que se debe al efecto del rendimiento volumétrico analizado con anterioridad.

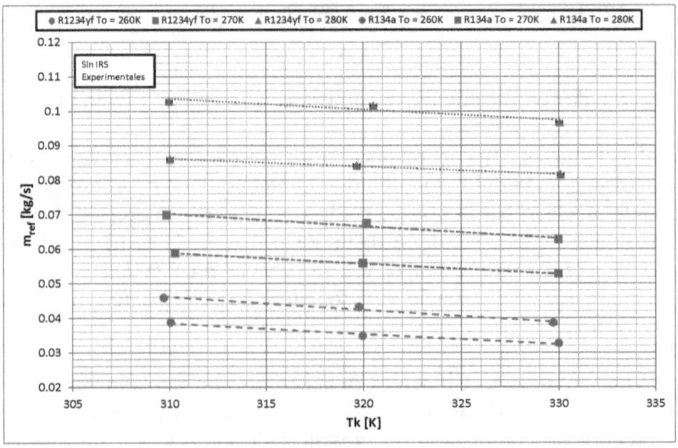

Fig. 6.4. Caudal másico de refrigerante en función de la temperatura de condensación.

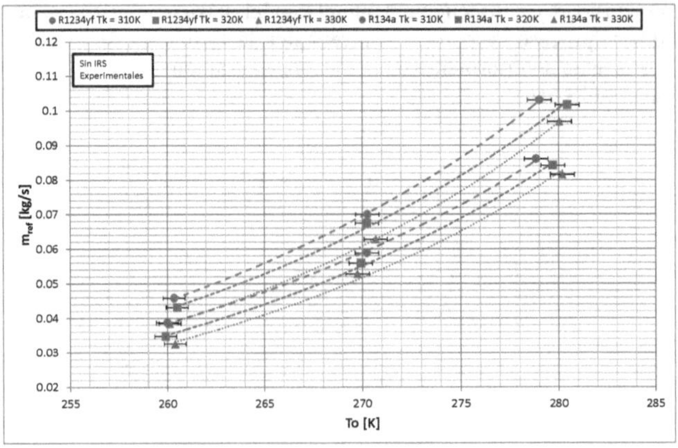

Fig. 6.5. Caudal másico de refrigerante en función de la temperatura de evaporación.

La principal diferencia observada entre el comportamiento del R134a y el R1234yf respecto al caudal másico de refrigerante circulante, es que el caudal del R1234yf es siempre en torno a un 18-19% mayor que el del R134a debido a su mayor densidad (en torno a un 20% superior en las mismas condiciones de aspiración). Las diferencias observadas no presentan influencias significativas con la tasa de compresión, ni con las presiones de evaporación o condensación.

Respecto a la comparación entre los resultados teóricos, analizados en el Capítulo 3, y los obtenidos experimentalmente, concluimos que las diferencias observadas, tal y como se ha comentado anteriormente, corresponden principalmente al rendimiento volumétrico. Éste causa dos efectos claros, por un lado, hace disminuir el caudal másico circulante real respecto al teórico y, adicionalmente, aparece una dependencia con la presión/temperatura de condensación que no estaba presente en el estudio teórico.

6.3 ANÁLISIS EXPERIMENTAL DE LA POTENCIA FRIGORÍFICA

En las Fig. 6.6 y Fig. 6.7 se muestran los resultados obtenidos experimentalmente para la potencia frigorífica, la cual se ha calculado como el producto del caudal másico de refrigerante por el salto entálpico en el evaporador, en función de la temperatura de evaporación y la temperatura de condensación.

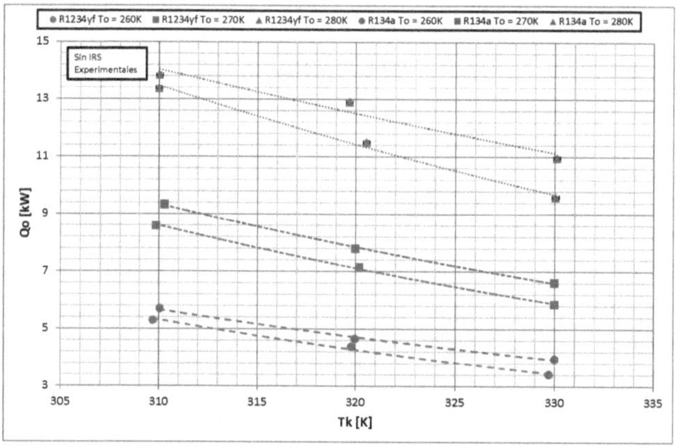

Fig. 6.6. Potencia frigorífica en función de la temperatura de condensación.

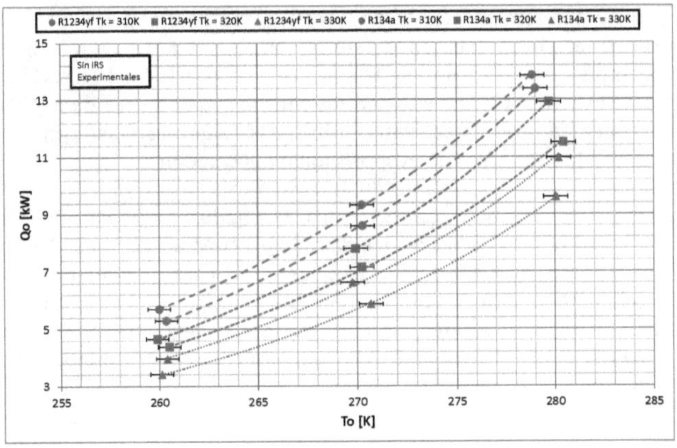

Fig. 6.7. Potencia frigorífica en función de la temperatura de evaporación.

En la Fig. 6.6 y Fig. 6.7 se observa que el comportamiento es similar al obtenido en el estudio teórico, presentando únicamente diferencias en cuanto a que los valores de las potencias frigoríficas se ven reducidas como consecuencia de que el ciclo ya no se comporta de forma ideal, tal y como se ha comentado en el apartado anterior.

Principalmente la reducción de potencia que se observa respecto al ciclo teórico se debe a la disminución de caudal másico, ya que tal y como se ha visto en el apartado anterior, el rendimiento volumétrico hace disminuir el caudal másico de refrigerante circulante. Del mismo modo, el comportamiento observado en el estudio teórico respecto a la diferencia relativa de comportamientos entre el R134a y R1234yf, también se mantiene.

Observamos que para una tasa de tasa de compresión cualquiera, la potencia del R134a es siempre superior a la potencia frigorífica del R1234yf, y que la diferencia absoluta entre las potencias frigoríficas de ambos refrigerantes crece ligeramente con el aumento de la temperatura de evaporación, T_o, para cualquier temperatura de condensación, T_k.

Con las diferencias absolutas de la potencia frigorífica respecto a la temperatura de condensación el comportamiento es el mismo que con la temperatura de evaporación, es decir, si mantenemos constante la temperatura de evaporación, conforme aumentamos la temperatura de condensación vemos que el R1234yf disminuye más rápidamente su potencia frigorífica que el R134a, con lo que observamos que las diferencias absolutas de potencia aumentan conforme aumentamos la temperatura de condensación

Concluimos que la potencia frigorífica del R134a es del orden de un 15% mayor para temperaturas de condensación altas y de en torno a un 5% para temperaturas de condensación bajas. La influencia de la temperatura de evaporación, es menos significativa, y causa variaciones menores, de en torno a 1% para presiones de evaporación altas y del 3% para presiones de evaporación bajas. Este comportamiento es similar al observado en el Capítulo 3 al realizar el análisis teórico.

En el caso de realizar un drop-in, según lo comentado anteriormente, tendremos que a temperaturas de condensación bajas, no tendremos grandes diferencias respecto a la potencia frigorífica, pero conforme aumenten las presiones de condensación tendremos que contemplar los efectos que producirá sobre nuestro sistema la disminución de la potencia frigorífica.

6.4 ANÁLISIS EXPERIMENTAL DE LA POTENCIA CALORÍFICA

En la Fig. 6.8 se muestra los resultados obtenidos experimentalmente para la potencia calorífica, la cual se ha calculado como el producto del caudal másico de refrigerante por el salto entálpico en el condensador, en función de la temperatura de evaporación y la temperatura de condensación para ambos refrigerantes.

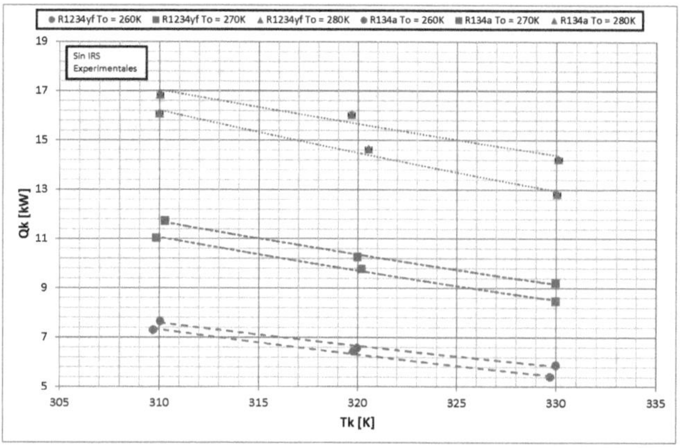

Fig. 6.8. Potencia calorífica en función de la temperatura de condensación.

Al igual que en el caso de la potencia frigorífica, en la Fig. 6.8 se observa que el comportamiento es similar al obtenido en el estudio teórico, presentando únicamente diferencias en cuanto a que los valores de las potencias caloríficas se ven reducidos como consecuencia de que el ciclo ya no se comporta de forma ideal. Este comportamiento es totalmente similar al caso observado en la potencia frigorífica, y al igual que en el caso anterior, la reducción de potencia que se observa respecto al ciclo teórico se debe a la disminución de caudal másico por efecto del rendimiento volumétrico.

De forma muy similar a como sucede con la potencia frigorífica, en la Fig.6.8 se observa que la potencia calorífica crece con el aumento de la temperatura de evaporación y disminuye con el aumento de la temperatura de condensación. Para una tasa de tasa de compresión cualquiera, la potencia calorífica del R134a es siempre superior a la potencia calorífica del R1234yf, y observamos que la diferencia absoluta entre las potencias caloríficas de ambos refrigerantes crece ligeramente con el aumento de la temperatura de evaporación, T_o, para cualquier temperatura de condensación, T_k.

Con las diferencias absolutas de la potencia de calorífica respecto a la temperatura de condensación el comportamiento es el mismo que con la temperatura de evaporación, es decir, si mantenemos constante la temperatura de evaporación, conforme aumentamos la temperatura de condensación vemos que el R1234yf disminuye más rápidamente su potencia calorífica que el R134a, con lo que observamos que las diferencias absolutas de potencia aumentan conforme aumentamos la temperatura de condensación.

Finalmente, vemos que la potencia calorífica obtenida experimentalmente para el R134a es del orden de un 11% mayor para temperaturas de condensación altas y de en torno a un 8% para temperaturas de condensación bajas. La influencia de la temperatura de evaporación, es menos significativa, y causa variaciones menores, insignificantes para presiones de evaporación bajas y del 3% para presiones de evaporación altas. Este comportamiento es similar al observado en el Capítulo 3 al realizar el análisis teórico.

En el caso de realizar una sustitución directa en una instalación, según lo comentado anteriormente, tendremos que a temperaturas de condensación bajas no tendremos grandes diferencias respecto a la potencia calorífica, pero conforme aumenten las presiones de condensación tendremos que contemplar los efectos que producirá sobre nuestro sistema la disminución de la potencia calorífica.

6.5 ANÁLISIS EXPERIMENTAL DE LA POTENCIA DE COMPRESIÓN

Para analizar el comportamiento del compresor, los parámetros fundamentales a analizar son el caudal másico de refrigerante, el rendimiento global del compresor y el salto de entalpías entre la entrada y la salida del compresor.

Tal y como se ha analizado en el capítulo del análisis teórico, el caudal másico de refrigerante, Eq. 3.1, depende de la densidad de aspiración, del caudal volumétrico del compresor y del rendimiento volumétrico, que se ha analizado en el apartado 6.2 del presente capítulo.

La potencia ideal de compresión se define aquí como el producto entre el caudal másico de refrigerante y el salto de entalpias considerando la compresión isoentrópica, Eq. 6.3.

$$P_{ideal} = \dot{m}_{ref}(h_{1s} - h_7) \tag{6.3}$$

Así mismo, la potencia real de compresión se define como el cociente entre la potencia ideal de compresión y el rendimiento global del compresor, Eq. 6.3.

$$P_c = P_{ideal}/\eta_g \tag{6.3}$$

donde el rendimiento global del compresor agrupa el rendimiento isoentrópico y el rendimiento mecánico eléctrico, tal y como se muestra en la Ec. 6.4.

$$\eta_g = \eta_i \cdot \eta_{em} \tag{6.4}$$

Empezamos el análisis estudiando el comportamiento experimental del rendimiento global del compresor, mostrado en la Fig. 6.9 y Fig. 6.10.

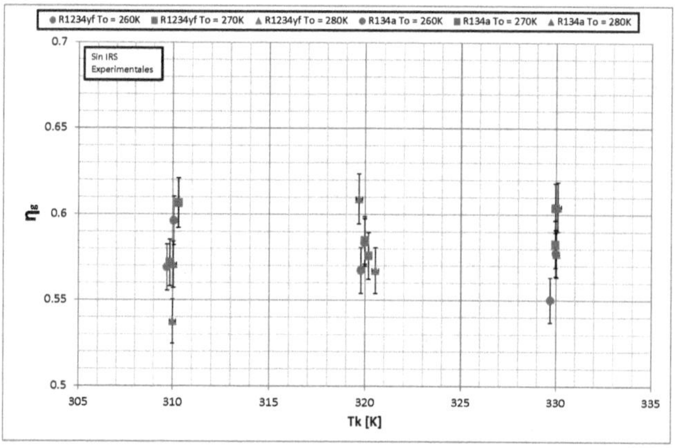

Fig. 6.9. Rendimiento global en función de la temperatura de condensación.

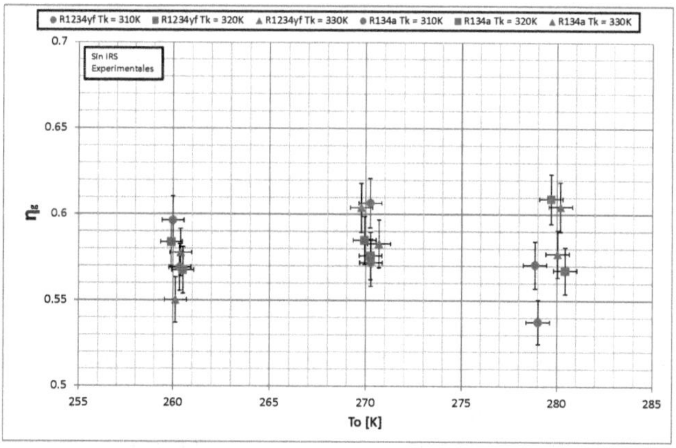

Fig. 6.10. Rendimiento global en función de la temperatura de evaporación.

Tal y como se aprecia en las Fig. 6.9 y Fig. 6.10, el rendimiento global no tiene una dependencia significativa con las temperaturas de evaporación y condensación. Dada la magnitud de las barras de error, la conclusión es que tampoco existen diferencias significativas en cuanto al comportamiento experimental del rendimiento global en ambos refrigerantes.

Respecto a la potencia de compresión, en las Fig. 6.11 y Fig. 6.12 se muestra su comportamiento con las temperaturas de evaporación y condensación

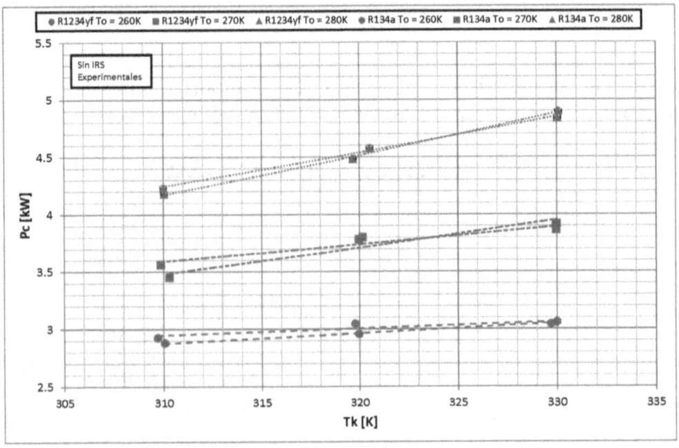

Fig. 6.11. Potencia de compresión en función de la temperatura de condensación.

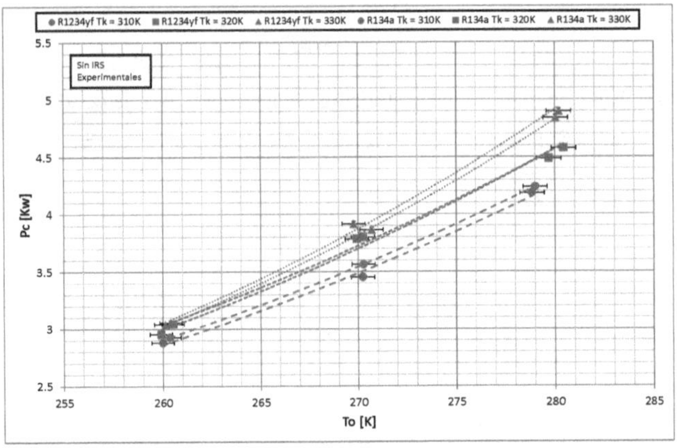

Fig. 6.12. Potencia de compresión en función de la temperatura de evaporación.

La potencia de compresión observada en los ensayos no tiene grandes diferencias entre los dos refrigerantes y no difiere mucho del comportamiento teórico. Como era de esperar, tenemos potencias de compresión superiores a las teóricas, siendo considerablemente mayores como consecuencia de que el rendimiento global observado oscila entre el 55% y el 60%.

Se observa que ambos refrigerantes presentan potencias de compresión muy similares. A presiones de evaporación bajas el R1234yf presenta potencias de compresión ligeramente superiores al R134a, mientras que conforme aumenta la presión de evaporación el R134a pasa a tener potencias de compresión algo mayores.

Las diferencias porcentuales observadas en la potencia de compresión para ambos fluidos toman valores en torno al 1%. Tal como hemos dicho con anterioridad a presiones de condensación altas el R134a presenta potencias de compresión mayores que el R134a y a presiones de condensación bajas el R1234yf presenta potencias de compresión mayores que el R134a, igualándose prácticamente a presiones de condensación altas y presiones de evaporación bajas.

Las diferencias observadas en los resultados experimentales para la potencia de compresión, muestran que no existen diferencias significativas, por lo que en el caso de realizar un drop-in, no se tendrán que realizar modificaciones en los sistemas de accionamiento.

6.6 ANÁLISIS EXPERIMENTAL DE LA TEMPERATURA DE DESCARGA

A diferencia del análisis realizado en el Capítulo 3, al considerar la compresión real, este proceso no será ni isoentrópico ni adiabático. La temperatura de descarga depende de la presión/temperatura de condensación, de la entropía de aspiración del compresor, que a su vez viene determinada por la presión/temperatura de evaporación y el grado de recalentamiento. Como consecuencia de la no idealidad de la compresión, tendremos adicionalmente que considerar el aumento de temperatura producido como consecuencia del aumento de entropía experimentado en la compresión y la perdida de calor del compresor al no ser este adiabático. Así, en la Fig. 6.13 se muestra que la temperatura de descarga experimental es mayor que la temperatura teórica.

Un dato importante a tener en cuenta en una compresión real es que tenemos dos parámetros que compiten, por un lado el aumento de entropía que experimenta la compresión no isoentrópica causa que la temperatura de descarga aumente, pero a su vez hace que la compresión no sea adiabática y causa que la temperatura de descarga disminuya.

Las diferencias porcentuales observadas en el comportamiento experimental de la temperatura de descarga entre ambos refrigerantes son del 4% para temperaturas de condensación y evaporación altas, con valores absolutos de en torno 13K más de temperatura de descarga en el caso del R134a que en el R1234yf.

Al variar la temperatura de evaporación no existen grandes cambios, siendo estas diferencias en torno al 3% para temperaturas de condensación altas y evaporación bajas, con valores absolutos de 10K de temperatura de descarga más en el R134a. Para presiones de condensación bajas, las diferencias son del 2.5% en presiones de evaporación altas y del 3% en presiones de evaporación bajas, siendo las diferencias absolutas de 10K para bajas temperaturas de evaporación y 8K en altas temperaturas de evaporación, estando siempre por encima la temperatura de descarga del R134a que la del R1234yf.

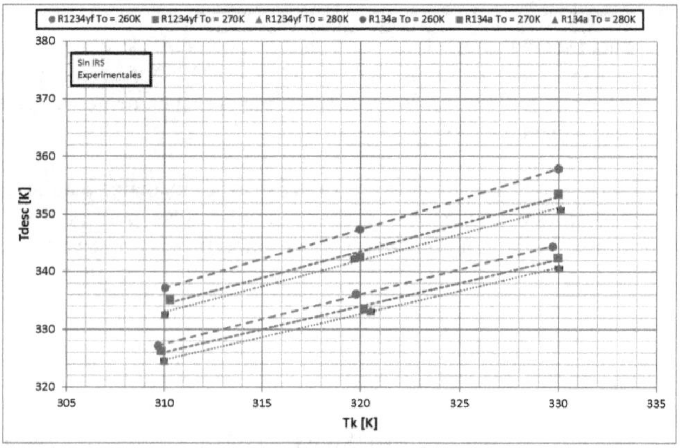

Fig. 6.13. Temperatura de descarga en función de la temperatura de condensación.

En el caso de realizar un drop-in, dado que la temperatura de descarga del R1234yf es considerablemente menor, tendremos mejoras significativas respecto a la duración del compresor y los lubricantes. Por otro lado, si disponemos de sistemas de aprovechamiento de la energía de condensación, ya sea mediante el desrecalentamiento del vapor de descarga, o mediante la recuperación total de la energía de condensación, la temperatura máxima alcanzable en el sistema de recuperación disminuirá considerablemente.

6.7 ANÁLISIS EXPERIMENTAL DEL EER

Para analizar cómo afectan las condiciones de funcionamiento a la eficiencia energética del ciclo cuando funciona como máquina frigorífica, tendremos que analizar el cociente entre la potencia frigorífica y la potencia de compresión. Estos parámetros se han analizado con detalle en los apartados anteriores y, en la Fig. 6.14, mostramos los valores calculados.

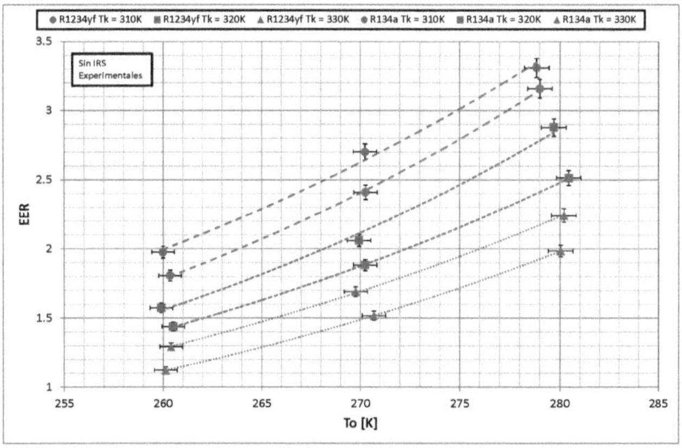

Fig. 6.14. EER en funcion de la temperatura de evaporación.

En el comportamiento real del ciclo, tal y como era de esperar, se produce una reducción importante del EER en comparación con el teórico como consecuencia de la perdida de idealidad del ciclo. Así, como se ha estudiado en los apartados anteriores, la potencia de compresión real es mayor que la teórica, siendo la principal causa de la disminución del EER.

Al igual que en el estudio teórico, se observa que el EER del R134a es siempre superior al EER del R1234yf. También se observa que en esta diferencia, las presiones de condensación y evaporación no tienen una influencia significativa.

Para presiones de condensación altas, el EER que presenta la instalación trabajando con el fluido R134a es aproximadamente un 10% superior a la obtenida trabajando con R1234yf. La presión de evaporación presenta poca influencia, variando esta diferencia entre los valores del EER entre el 10% a presiones de evaporación altas y el 11% a presiones de evaporación bajas.

Para presiones de condensación bajas, la diferencia de EER observada es menor, y oscila entre el 4% a presiones de evaporación altas y el 7% a presiones de evaporación bajas, siendo siempre superior el EER del R134a.

Como conclusión, en el caso que realicemos un drop-in, tendremos que asumir pérdidas en el EER que oscilaran entre el 4% y el 11%, por lo que dependiendo del punto de trabajo se obtendrán pérdidas de rendimiento más o menos significativas.

6.8 ANÁLISIS EXPERIMENTAL DEL COP

En este apartado se analiza la eficiencia energética del ciclo funcionando como bomba de calor (COP) al variar las condiciones de operación. Así tendremos que analizar el cociente entre la potencia calorífica y la potencia de compresión, parámetros energéticos analizados en apartados anteriores y cuyo cociente se muestra en la Fig. 6.15.

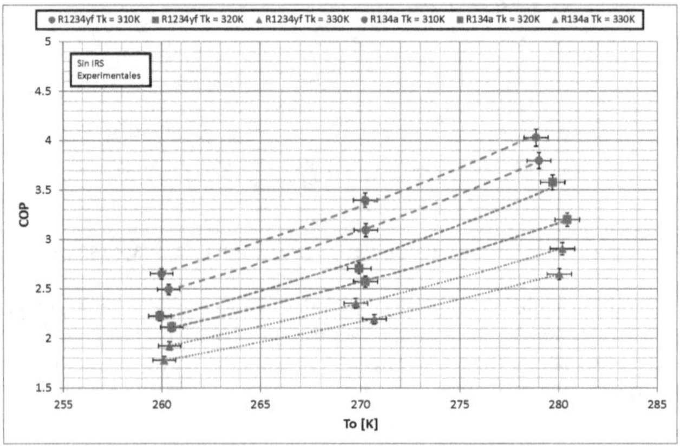

Fig. 6.15. COP en funcion de la temperatura de evaporación.

El COP experimental es menor que el teórico, debido a la pérdida de idealidad del ciclo que causa principalmente que la potencia de compresión aumente significativamente.

Al igual que se obtuvo en el estudio teórico, se observa que el COP del R134a es siempre superior al COP del R1234yf. También se observa que en esta diferencia, las presiones de condensación y evaporación no tienen una influencia significativa.

Para presiones de condensación altas, el COP trabajando con R134a es en torno a un 10% superior al obtenido con R1234yf. La influencia de la presión de evaporación es poco significativa, obteniendo una diferencia entre COP con ambos fluidos de un 10% para presiones de evaporación altas y de un 11% a presiones de evaporación bajas.

Para presiones de condensación bajas, la diferencia de COP observada entre ambos fluidos es menor, y oscila entre el 5% a presiones de evaporación altas y el 7% a presiones de evaporación bajas, siendo siempre superior al COP del R134a. Tal y como hemos comentado se observa que no existe ninguna diferencia significativa entre la variación del COP y EER.

Como conclusión, en el caso que realicemos un drop-in, tendremos que asumir pérdidas en el COP que oscilaran entre el 5% y el 11%, por lo que dependiendo del punto de trabajo se obtendrán pérdidas de rendimiento más o menos significativas.

6.9 ANÁLISIS EXPERIMENTAL DE LA INFLUENCIA DEL IRS

Tal y como se ha mostrado en el Capítulo 3, al realizar el estudio teórico, una modificación importante desde el punto de vista energético que podemos acometer en el ciclo de compresión básico es la introducción de un intercambiador de recalentamiento subenfriamiento (IRS). El principal efecto que presenta este componente es aumentar el grado de subenfriamiento y el grado de recalentamiento, lo que provoca cambios significativos en el comportamiento del ciclo frigorífico.

En el análisis experimental de este componente aumentará la complejidad de lo estudiado en el análisis teórico, pues se introducirán caídas de presión y perdidas de calor en los componentes.

El IRS utilizado en el estudio experimental, tal y como se describe en el capítulo 4, es un Packless HRX-250A a contraflujo de tubos concéntrico, y según las ecuaciones 3.23, 3.24, 3.25 y 3.26 podemos calcular la eficiencia real que presenta nuestro intercambiador. Mostramos esta eficiencia en la Fig. 6.16 y la Fig. 6.17.

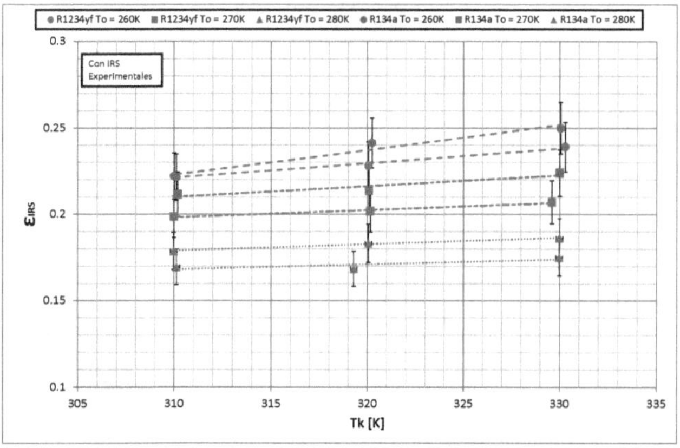

Fig. 6.16. Eficiencia del IRS en funcion de la temperatura de condensación.

En estas figuras vemos que el IRS de nuestra instalación presenta una eficiencia que varía del 17-25% y es similar en ambos refrigerantes. Esta eficiencia tiene dependencia con la temperatura de evaporación, produciéndose una disminución de este parámetro conforme aumenta la temperatura de evaporación. Se aprecia que la influencia de la temperatura de condensación sobre la eficiencia del IRS no es significativa.

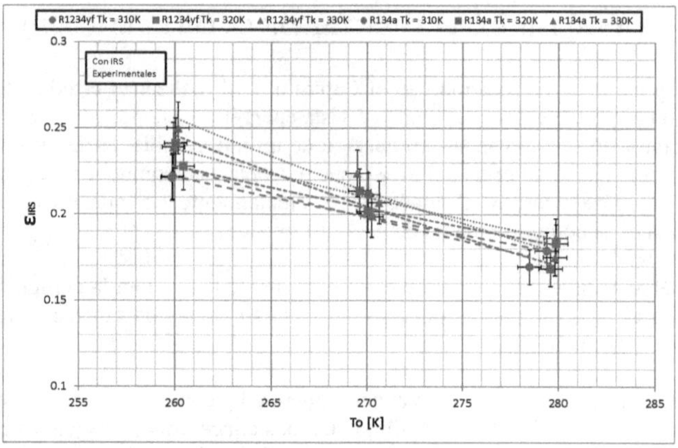

Fig. 6.17. Eficiencia del IRS en funcion de la temperatura de evaporación.

En la Fig. 6.18 se aprecia la eficiencia del IRS con la tasa de compresión para ambos refrigerantes.

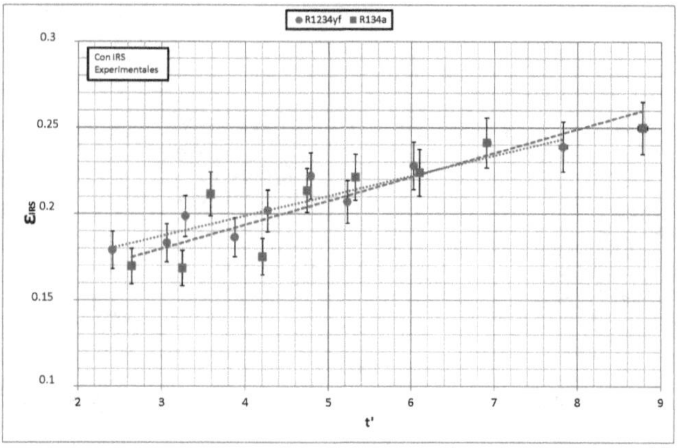

Fig. 6.18. Eficiencia del IRS en funcion de la tasa de compresión.

Por último, el incremento en las pérdidas de presión en el lado del vapor introducidas como consecuencia de la adopción del IRS se muestra en la Fig. 6.19, donde se observa que las pérdidas de presión aumentan a tasas de compresión bajas, debido al mayor caudal másico principalmente, y son superiores en el caso del R1234yf que en el R134a, debido al mayor caudal másico obtenido para el R1234yf.

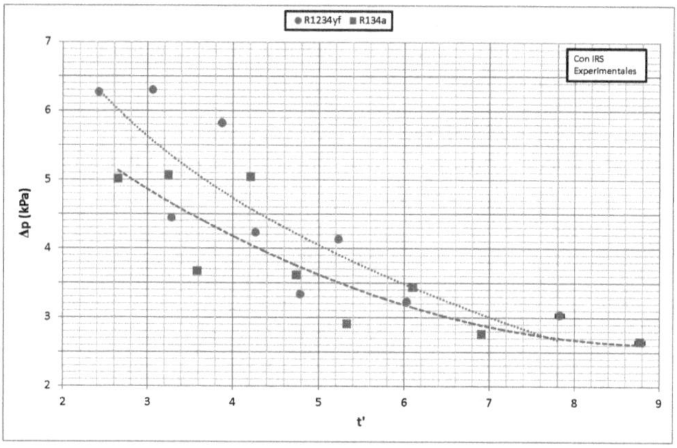

Fig. 6.19. Pérdidas de presión introducidas como consecuencia del IRS.

6.9.1 ANÁLISIS EXPERIMENTAL DE LA INFLUENCIA DEL IRS EN EL CAUDAL MÁSICO DE REFRIGERANTE

La introducción del IRS, al igual que se obtuvo en el Capítulo 3, produce el aumento del recalentamiento a la entrada del compresor, es decir, aumenta la temperatura de aspiración del compresor.

En el caso experimental, también se contemplan las caídas de presión y pérdidas de energía al ambiente causadas por la introducción del IRS. Como consecuencia, respecto al caso teórico, se producirá un incremento adicional en la disminución de la densidad de aspiración al compresor y, por tanto, en la disminución del caudal másico de refrigerante circulante.

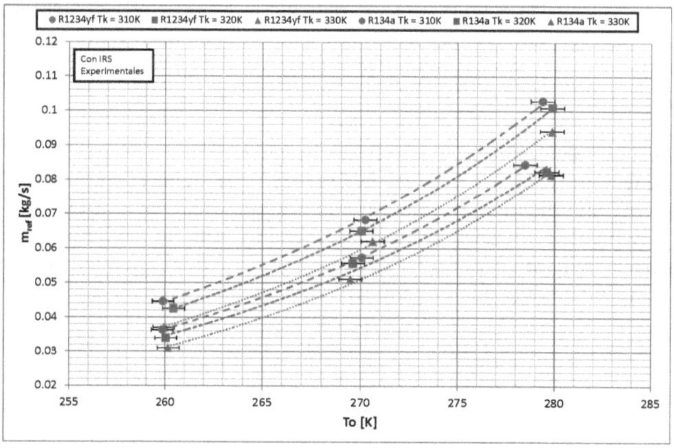

Fig. 6.20. Caudal másico de refrigerante en función de la temperatura de evaporación.

En la Fig. 6.20 vemos el caudal másico de refrigerante con IRS, y comprobamos que el comportamiento experimental es similar al comportamiento que obtuvimos en el análisis teórico realizado en el Capítulo 3.

La variación relativa del caudal másico de refrigerante se puede desarrollar según la Ec. 6.5, donde se muestran los dos parámetros que tienen influencia: el rendimiento volumétrico y la densidad de aspiración.

$$\frac{\dot{m}'_{ref}}{\dot{m}_{ref}} = \frac{\eta'_v}{\eta_v}\frac{v}{v'} \tag{6.5}$$

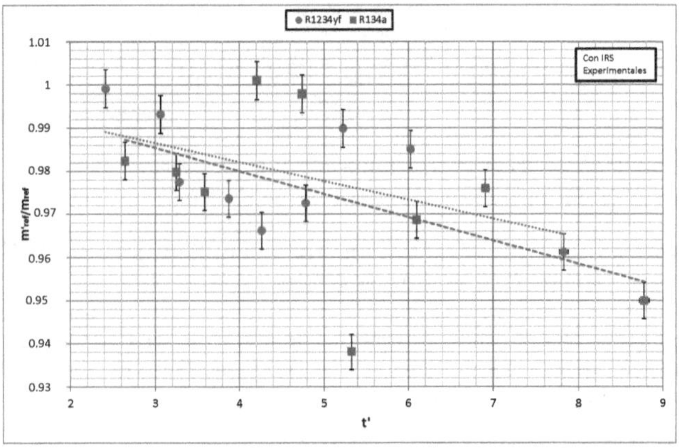

Fig. 6.21. Variación relativa del caudal másico de refrigerante debida a la introducción del IRS.

Podemos visualizar en la Fig. 6.21 una disminución del caudal másico de refrigerante con la tasa de compresión, ligeramente inferior en el caso del R134a que en el caso del R1234yf, obteniendo reducciones de caudal másico de refrigerante que varían entre prácticamente inexistentes para tasas de compresiones bajas y el 5% para tasas de compresiones altas.

Analizando de forma pormenorizada la variación del rendimiento volumétrico con la introducción del IRS, vemos en la Fig. 6.22 que la tasa de compresión no hace variar de forma significativa el comportamiento al introducir el IRS, pero podemos observar, tal y como evidencian algunos autores [38], que el rendimiento volumétrico sufre un ligero incremento como consecuencia del grado de recalentamiento introducido por el IRS. Este incremento no es significativamente diferente para ambos fluidos.

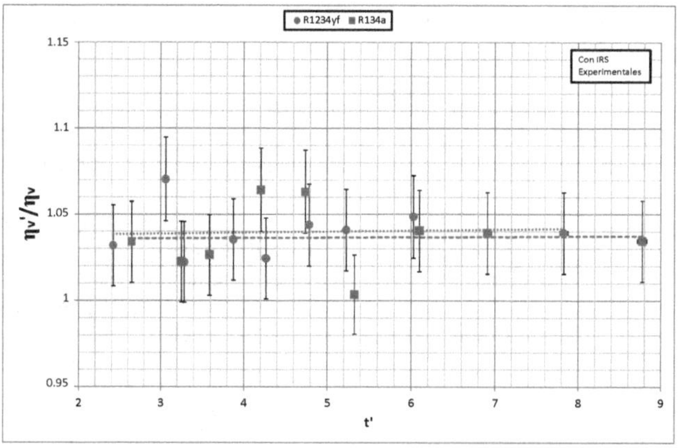

Fig. 6.22. Variación relativa del rendimiento volumétrico debida a la introducción del IRS.

Respecto a al volumen específico en la aspiración del compresor, en la Fig. 6.23 se observa que conforme aumenta la tasa de compresión aumenta la variación relativa del volumen específico en la aspiración del compresor, comportándose el R134a y el R1234yf de forma muy similar. De la Fig. 6.22 y Fig. 6.23 se desprende que la variación relativa de caudal másico de refrigerante causada por la introducción de IRS se debe fundamentalmente a la variación relativa en el volumen específico en la aspiración del compresor.

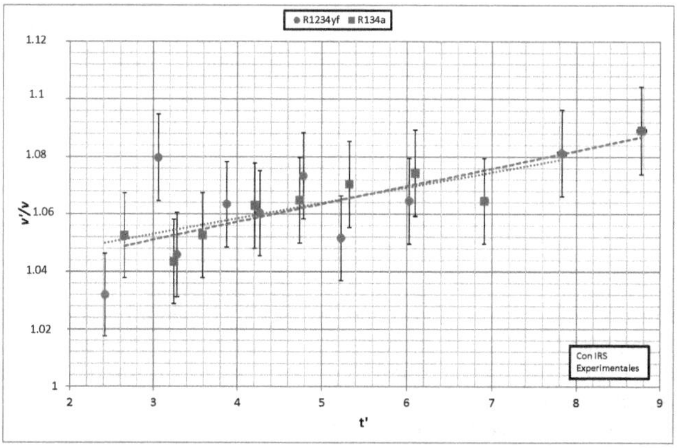

Fig. 6.23. Variación relativa del volumen específico en la aspiración del compresor debida a la introducción del IRS.

6.9.2 ANÁLISIS EXPERIMENTAL DE LA INFLUENCIA DEL IRS EN LA POTENCIA FRIGORÍFICA

Tal y como se ha explicado en el análisis teórico del Capítulo 3, la influencia del IRS en la potencia frigorífica viene dada por dos factores: la disminución en el caudal másico de refrigerante y el aumento en el salto de entalpías en el evaporador.

Basándonos en los resultados de los análisis anteriores sobre la influencia del IRS en el caudal másico de refrigerante y el salto de entalpías en el evaporador, en la Fig. 6.24 se observa que el IRS comporta un aumento de la potencia frigorífica respecto a la observada en la Fig. 6.7, sin IRS, ya que los incrementos en la potencia frigorífica específica en el evaporador son superiores a las disminuciones del caudal másico de refrigerante.

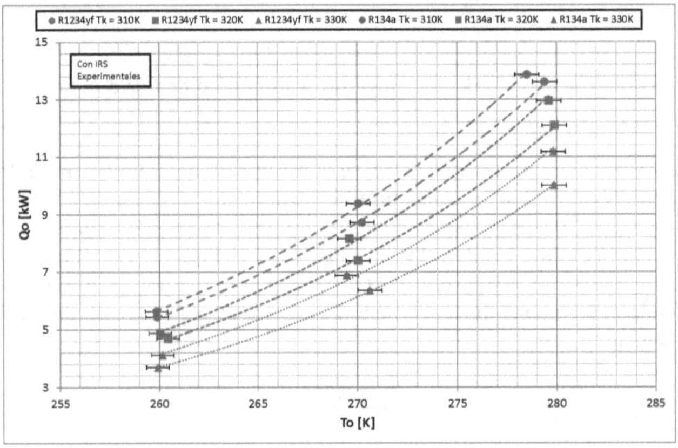

Fig. 6.24. Potencia frigorífica en función de la temperatura de evaporación.

$$\frac{Q'_o}{Q_o} = \frac{q'_o}{q_o}\frac{\dot{m}'_{ref}}{\dot{m}_{ref}} \tag{6.6}$$

Mediante la Ec 6.6 podemos analizar la variación relativa experimentada en la potencia frigorífica como consecuencia de la introducción de un IRS. Esta variación relativa se muestra en la Fig. 6.25, donde vemos que conforme aumenta la tasa de compresión aumenta la variación relativa de la potencia frigorífica como consecuencia de la introducción del IRS en ambos refrigerantes. También se observa con claridad que en el caso del R1234yf los aumentos en la variación relativa de la potencia frigorífica son considerablemente mayores que en el R134a. Por lo tanto, respecto a la potencia frigorífica, la introducción del IRS es considerablemente más favorable en el caso del R1234yf que en el R134a.

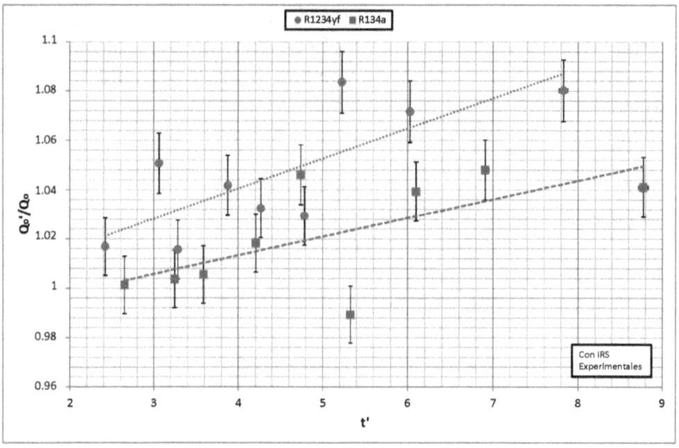

Fig. 6.25.Variación relativa de la potencia frigorífica debida a la introducción del IRS.

La variación relativa del caudal circulante de refrigerante se ha analizado en el apartado anterior, y se observaba que con la introducción del IRS disminuíamos ligeramente el caudal másico de refrigerante. Respecto a la variación relativa en la potencia frigorífica específica, en la Fig. 6.26 se observa que como consecuencia del grado de subenfriamiento obtenido, aumenta considerablemente conforme se incrementa la tasa de compresión. Adicionalmente, se observa que el incremento es significativamente mayor en el caso del R1234yf que en el caso del R134a y conforme aumenta la tasa de compresión aumenta este incremento.

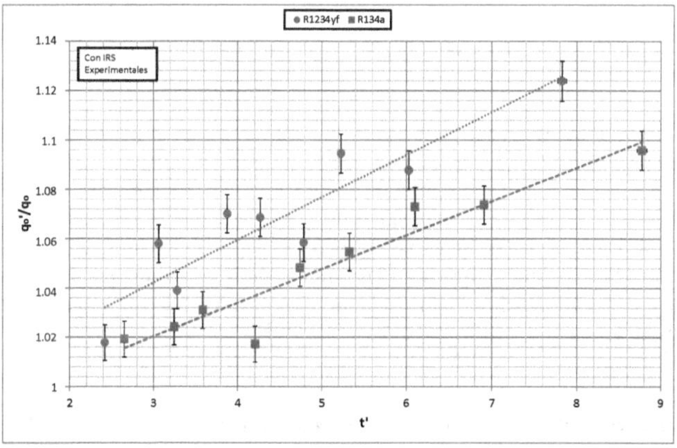

Fig. 6.26.Variación relativa de la potencia frigorífica específica debida a la introducción del IRS.

Podemos concluir que con la introducción del IRS, gracias al fuerte incremento que experimentamos en la potencia frigorífica específica, compensamos la disminución en el caudal másico de refrigerante y tenemos un aumento neto de la potencia frigorífica. Este aumento es considerablemente mayor en el caso del R1234yf, con valores comprendidos del 2-9%, que en el R134a, con valores comprendidos del 0-5%, aumentando significativamente esta diferencia con la tasa de compresión. Esto hace más interesante respecto a la potencia frigorífica la introducción del IRS a tasas de compresión elevadas y especialmente en el caso del R1234yf.

En la Fig. 6.27 se compara el R134a sin IRS con el R1234yf con y sin IRS. Es esta figura se muestra que el R1234yf presenta reducciones de la potencia frigorífica entorno del 6-12% cuando no tiene instalado el IRS, pero estas diferencias se reducen al 0-9% con la introducción del IRS, y prácticamente se compensan para tasas de compresión elevadas con el IRS utilizado en nuestra instalación.

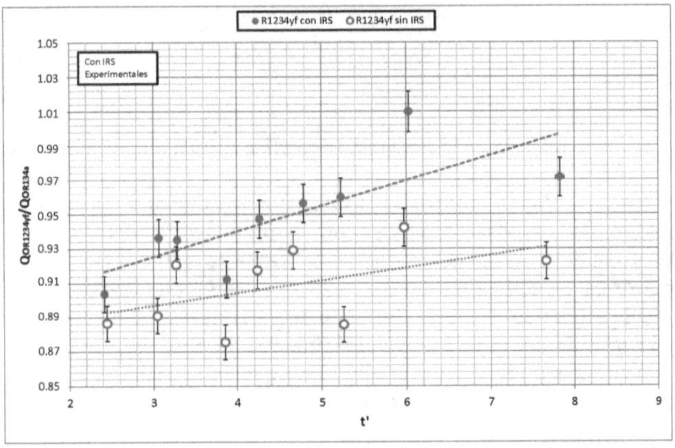

Fig. 6.27.Variación relativa de la potencia frigorífica del R134a (sin IRS) y el R1234yf con y sin IRS.

Podemos concluir que en el caso de un drop-in, si no instalamos IRS, las diferencias entre el R1234yf y el R134a son bastante más significativas que en el caso que instalemos un IRS. Adicionalmente, dado que en la mayoría de los sistemas que utilizan R134a no se instala IRS, añadiendo este elemento al realizar un drop-in con R1234yf, vemos que las diferencias de producción frigorífica disminuyen hasta el punto de poder igualar la potencia frigorífica en función de las condiciones de operación y de la eficiencia del IRS finalmente instalado, en nuestro caso adoptando valores que oscilan entre el 0-9% con IRS frente al 6-12% sin IRS.

6.9.3 Análisis experimental de la influencia del IRS en la potencia calorífica

El análisis de la variación de la potencia calorífica con la introducción del IRS es muy similar al realizado en el apartado anterior para la potencia frigorífica, y al igual que en el caso anterior, la influencia del IRS en la potencia calorífica viene dada por dos factores: la disminución en el caudal másico de refrigerante y el aumento de la potencia calorífica específica en el condensador.

Basándonos en los resultados anteriores sobre la influencia del IRS en el caudal másico experimental de refrigerante y el salto de entalpías en el condensador, en la Fig. 6.28 se observa que el IRS comporta un aumento de la potencia calorífica respecto a la observada en la Fig. 6.8 (sin IRS), ya que los incrementos en la potencia calorífica específica en el evaporador son superiores a las disminuciones del caudal másico de refrigerante. Así pues, sucede lo mismo que en el caso de la potencia frigorífica analizada en el apartado anterior.

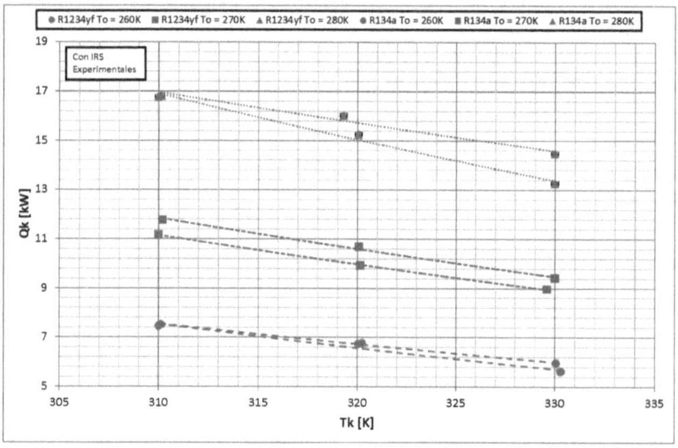

Fig. 6.28. Potencia calorífica en función de la temperatura de condensación.

$$\frac{Q'_k}{Q_k} = \frac{q'_k}{q_k}\frac{\dot{m}'_{ref}}{\dot{m}_{ref}} \tag{6.7}$$

De forma similar al caso de la potencia frigorífica, mediante la Ec 6.7 podemos analizar la variación relativa experimentada en la potencia calorífica cómo consecuencia de la introducción de un IRS. Esta variación relativa se muestra en la Fig. 6.29.

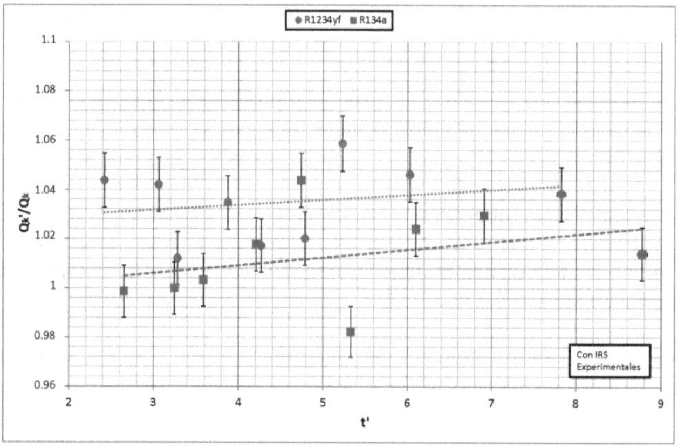

Fig. 6.29.Variación relativa de la potencia calorífica debida a la introducción del IRS.

En la Fig. 6.29 vemos que conforme aumenta la tasa de compresión aumenta la variación relativa de la potencia calorífica cómo consecuencia de la introducción del IRS en ambos refrigerantes. También se observa con claridad que los aumentos en la variación relativa de la potencia calorífica son considerablemente mayores en el R1234yf que en el R134a. Por ello, respecto a la potencia calorífica, el IRS hace que la introducción del IRS sea más favorable en el caso del R1234yf que en el R134a.

La variación relativa del caudal circulante de refrigerante se ha analizado en el apartado anterior, y se observaba que con la introducción del IRS disminuíamos ligeramente el caudal másico de refrigerante. Respecto a la variación relativa en la potencia calorífica específica, en la Fig. 6.30 se observa que como consecuencia del grado de subenfriamiento obtenido, aumenta considerablemente conforme se incrementa la tasa de compresión. Adicionalmente, se observa que el incremento es significativamente mayor en el caso del R1234yf que en el caso del R134a y aumenta conforme aumenta la tasa de compresión.

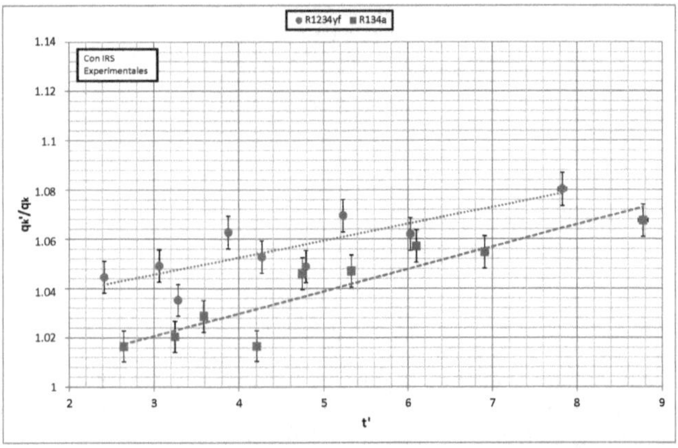

Fig. 6.30.Variación relativa de la potencia calorífica específica debida a la introducción del IRS.

Podemos concluir que con la introducción del IRS, gracias al incremento que experimentamos en la potencia calorífica específica, compensamos la disminución en el caudal másico de refrigerante y tenemos un aumento neto de la potencia calorífica. Este aumento es considerablemente mayor en el caso del R1234yf, con valores comprendidos del 1-6%, que en el R134a, con valores comprendidos del 0-4%, y aumenta significativamente con la tasa de compresión. Esto hace más interesante respecto a la potencia calorífica la introducción del IRS a tasas de compresión elevadas y especialmente en el caso del R1234yf.

En la Fig. 6.31 se muestra que, ante un drop-in, el R1234yf presenta reducciones de la potencia calorífica entorno del 2-11%, pero estas diferencias se reducen al 0-10% con la introducción del IRS, y prácticamente se compensan para tasas de compresión elevadas.

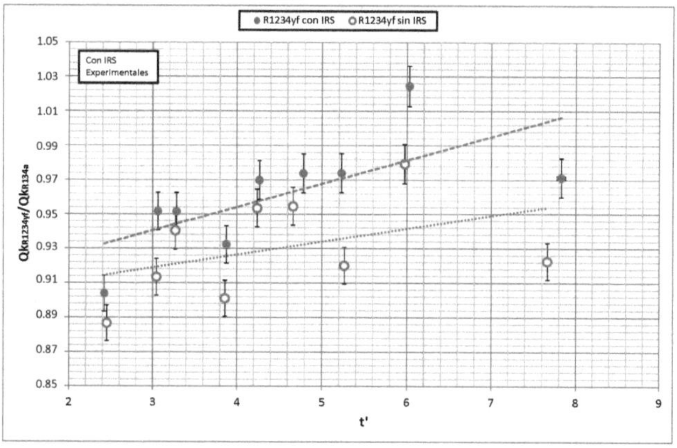

Fig. 6.31.Variación relativa de la potencia calorífica del R134a (sin IRS) y el R1234yf con y sin IRS.

De forma totalmente similar al caso de la potencia frigorífica, en el caso de la potencia calorífica, en un drop-in si no instalamos IRS, las diferencias entre el R1234yf y el R134a son bastante más significativas que en el caso que instalemos un IRS. Adicionalmente, dado que en la mayoría de los sistemas que utilizan R134a no se instala IRS, añadiendo este elemento al realizar un drop-in con R1234yf, vemos que las diferencias disminuyen.

6.9.4 ANÁLISIS EXPERIMENTAL DE LA INFLUENCIA DEL IRS EN LA POTENCIA DE COMPRESIÓN

Para analizar la influencia del IRS en el comportamiento del compresor, los parámetros fundamentales a analizar son cómo influye el IRS en el caudal másico de refrigerante, en el rendimiento global del compresor y en la potencia específica de compresión.

En apartados anteriores hemos analizado con detalle la disminución de caudal másico que conlleva la introducción del IRS, como consecuencia de que el recalentamiento que introducido por el IRS introduce variaciones sobre la densidad de aspiración en el compresor así como en el rendimiento volumétrico. Así pues, para estudiar la influencia del IRS sobre la potencia de compresión empezaremos en este apartado estudiando su influencia sobre el rendimiento global.

En la Fig. 6.32, se muestra que la introducción del IRS no tiene una fuerte influencia sobre el rendimiento global del compresor, pero si se observa que su introducción mejora ligeramente este parámetro y no se encuentran diferencias significativas entre ambos fluidos. También observamos que las mejoras introducidas tienden a disminuir con la tasa de compresión.

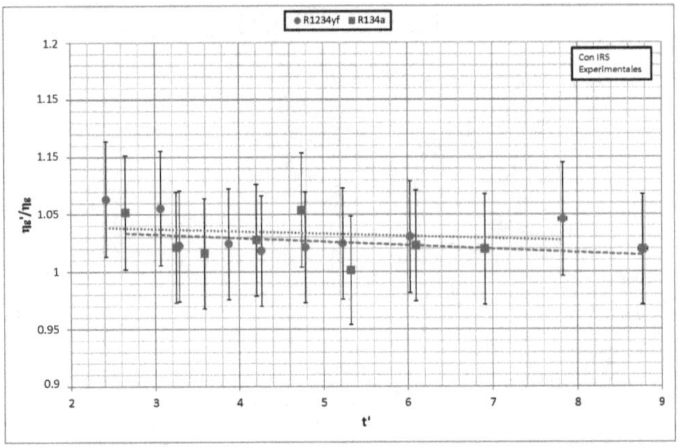

Fig. 6.32.Variación relativa del rendimiento global debida a la introducción del IRS.

Respecto a la potencia isoentrópica específica de compresión, en la Fig.6.33, se observa que la introducción del IRS causa un aumento relativo, y que este aumento es superior en el caso del R1234yf que en el del R134a. Este aumento se debe al recalentamiento introducido por el IRS en la aspiración del compresor, que causa un aumento de la entropía en la aspiración. Tal y como se ha analizado en el Capítulo 3, las isoentrópicas están más abatidas conforme aumenta la entropía, con lo que conforme aumenta el recalentamiento en la aspiración aumentara la potencia isoentrópica específica de compresión.

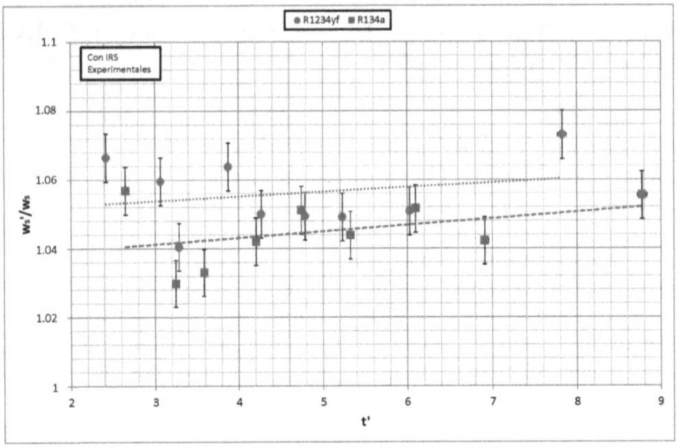

Fig. 6.33 Variación relativa de la potencia isoentrópica específica de compresión debida a la introducción del IRS.

En la Ec 6.8 analizamos las variaciones relativas de la potencia de compresión con la introducción del IRS, y mostramos los resultados en la Fig.6.34.

$$\frac{P_c'}{P_c} = \frac{\dot{m}'_{ref}}{\dot{m}_{ref}} \frac{w_s'}{w_s} \frac{\eta_g}{\eta_g'} \tag{6.8}$$

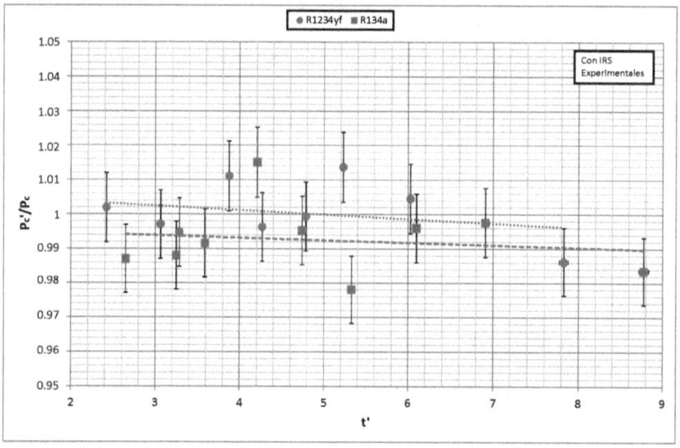

Fig. 6.34. Variación relativa de la potencia de compresión debida a la introducción del IRS.

Respecto a la potencia de compresión, concluimos que la introducción del IRS no tiene una influencia significativa. Pese a que la potencia isoentrópica de compresión y el rendimiento global aumentan, se ven compensados con la disminución del caudal másico de refrigerante.

En caso de realizar un drop-in, la potencia de compresión no será un parámetro que se verá significativamente modificado por la introducción del IRS.

6.9.5 Análisis experimental de la influencia del IRS en la temperatura de descarga

Tal y como hemos comentado anteriormente, la temperatura de descarga depende de la presión de condensación y de la entropía de aspiración del compresor, que a su vez viene determinada por la presión de evaporación y el grado de recalentamiento. El principal efecto de introducir un IRS sobre la temperatura de descarga es que al aumentar el recalentamiento en la entrada del compresor aumentará la entropía en la entrada del compresor. Adicionalmente, tendremos que considerar la mayor pérdida de energía por la culata del compresor.

En la Fig. 6.35 se muestra que la temperatura de descarga obtenida al introducir un IRS aumenta, y que a mayores tasas de compresión mayor es el aumento. En esta gráfica comprobamos que el efecto que produce el IRS es muy similar en el R134a y en el R1234yf.

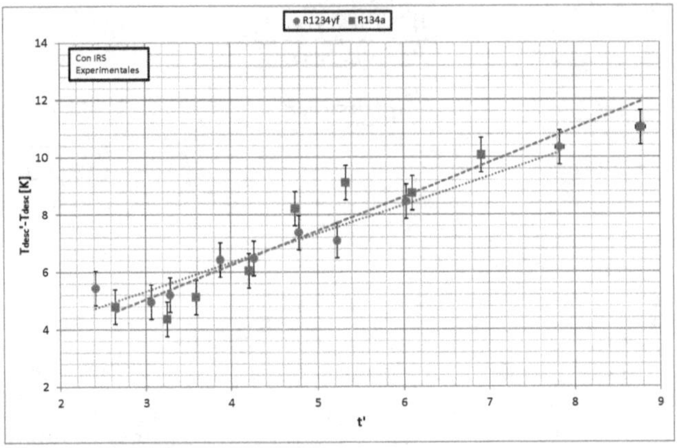

Fig. 6.35. Variación de la temperatura de descarga debida a la introducción del IRS.

En la Fig. 6.36 se observa que al igual que en el caso sin IRS, la temperatura de descarga obtenida en el R1234yf es siempre considerablemente menor que en el caso del R134a, siendo por lo tanto menos perjudicial la introducción de este elemento en el R1234yf que en el R134a.

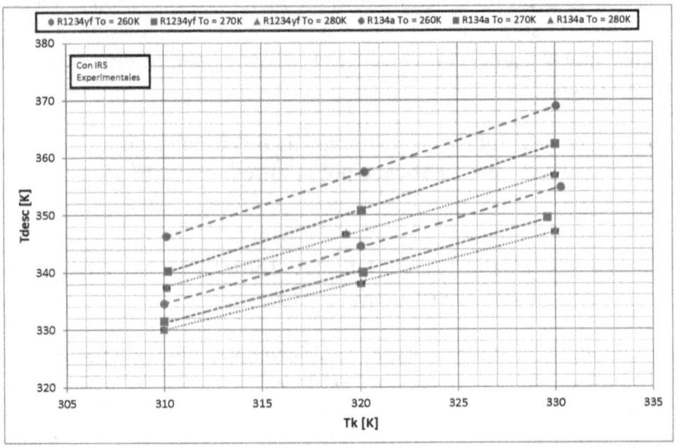

Fig. 6.36. Temperatura de descarga en función de la temperatura de condensación.

En caso de realizar un drop-in, la introducción de IRS afecta de igual modo al R134a y al R1234yf, y su principal efecto sobre la temperatura de descarga es un aumento de 5K a 11K. Al ser las temperaturas de descarga del R1234yf inicialmente inferiores a las del R134a, respecto a la duración de los lubricantes y del compresor, será más perjudicial para el R134a que para el R1234yf. Aun con el aumento de la temperatura de descarga, ante un drop-in, la temperatura de descarga máxima con R1234yf usando el IRS, 355 K, sigue siendo inferior a la temperatura de descarga máxima con R134a sin IRS, 358 K.

6.9.6 ANÁLISIS EXPERIMENTAL DE LA INFLUENCIA DEL IRS EN EL EER

La introducción del IRS afecta en el EER como consecuencia de la variación en la potencia frigorífica y la potencia de compresión, parámetros que tal y como hemos analizado en apartados anteriores aumentan con la introducción de este elemento. En función de que parámetro aumente más, se producirá un incremento o decremento del EER, y es de esperar según lo estudiado en Capítulo 3 que se produzca un aumento.

La Ec 6.9 muestra la variación relativa del EER con la introducción del IRS y en la Fig. 6.37 mostramos esta variación con los resultados experimentales obtenidos.

$$\frac{EER'}{EER} = \frac{Q'_o}{Q_o}\frac{P_c}{P'_c} \tag{6.9}$$

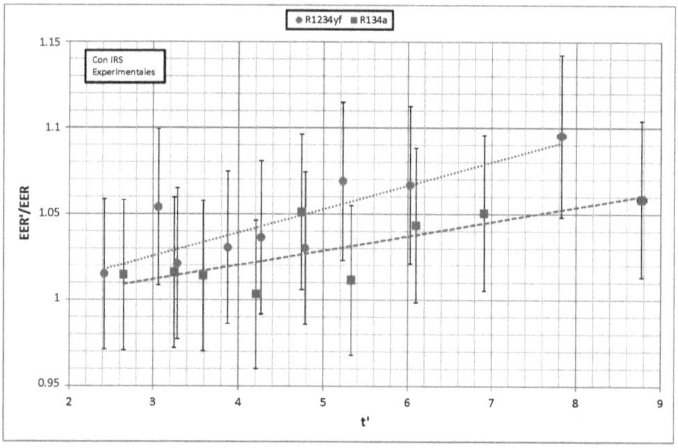

Fig. 6.37. Variación relativa del EER debida a la introducción del IRS.

En la Fig. 6.37 se observa que la introducción del IRS siempre se traduce en un aumento del EER, pero este aumento es mayor en el caso del R1234yf que en el caso del R134a, y significativamente más acusado a tasas de compresión elevadas.

En la Fig. 6.38 comparamos el EER del R134a sin IRS con el EER del R1234yf con y sin IRS. Cuando no disponemos de IRS las diferencias en el EER del R134a y el R1234yf oscilan entre el 12% y el 7% pero con la introducción de IRS en el R1234yf estas diferencias se reducen a valores entre el 10% y el 0%.

En la Fig. 6.39 vemos en valores absolutos el EER del R1234yf y el R134a con y sin IRS.

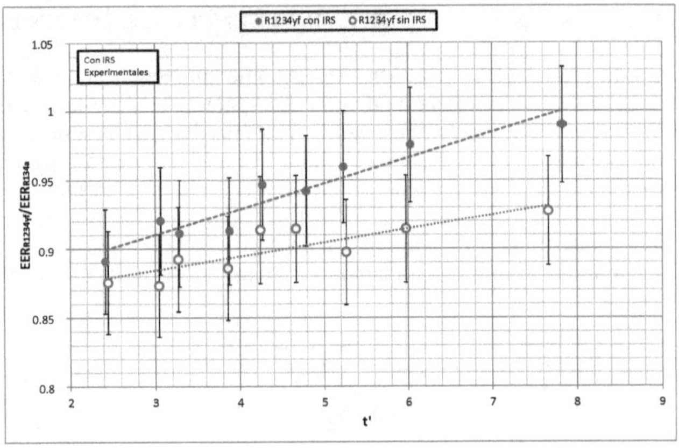

Fig. 6.38 Variación relativa del EER del R134a (sin IRS) y el R1234yf con y sin IRS.

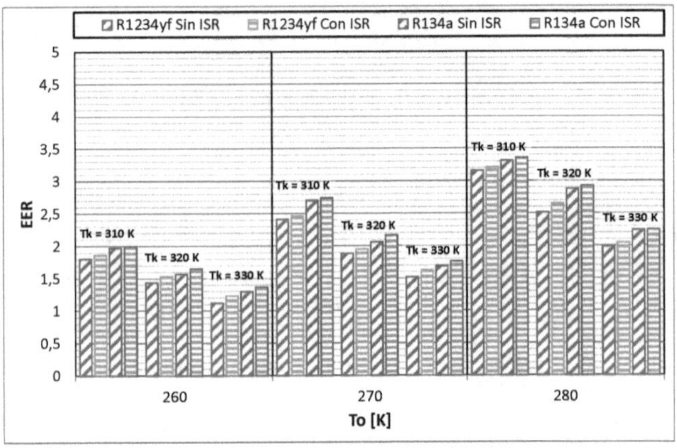

Fig. 6.39 Variación relativa del EER con y sin IRS.

En caso de realizar un drop-in, concluimos que siempre será interesante la introducción del IRS para disminuir las diferencias existentes entre el EER del R134a y el R1234yf. Dado que los sistemas de R134a en general no disponen de IRS, será una mejora significativa a realizar que mejorará los resultados.

6.9.7 ANÁLISIS EXPERIMENTAL DE LA INFLUENCIA DEL IRS EN EL COP

La introducción del IRS afecta al COP de forma muy similar al EER. En este caso las variaciones introducidas por el IRS son consecuencia de la variación en la potencia calorífica y en la potencia de compresión, parámetros que, tal y como hemos analizado en apartados anteriores, aumentan con la introducción de este elemento. En función de que parámetro aumente más, se producirá un incremento o decremento del COP, y es de esperar, según lo estudiado en Capítulo 3, que se produzca un aumento.

La Ec 6.10 muestra la variación relativa del COP con la introducción del IRS y en la Fig. 6.34 mostramos esta variación con los resultados experimentales obtenidos.

$$\frac{COP'}{COP} = \frac{Q'_k}{Q_k}\frac{P_c}{P'_c} \quad (6.10)$$

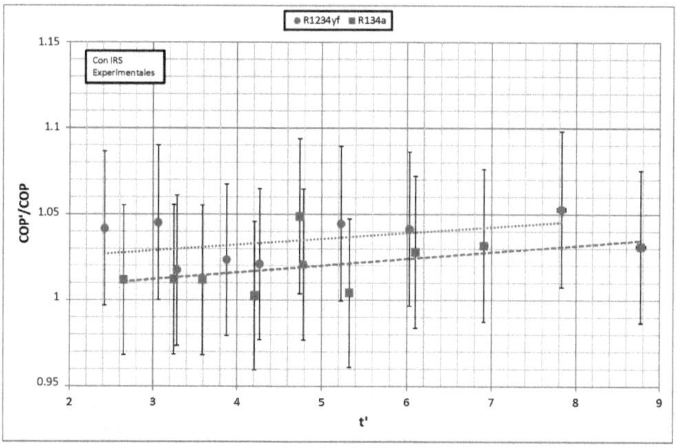

Fig. 6.40. Variación relativa del COP debida a la introducción del IRS.

En la Fig. 6.40 se observa que la introducción del IRS siempre se traduce en un aumento del COP, pero este aumento es superior en el caso del R1234yf que en el caso del R134a, y más acusado a tasas de compresión elevadas.

En la Fig. 6.41, comparamos el COP del R134a sin IRS con el COP del R1234yf con y sin IRS. Cuando no disponemos de IRS, las diferencias en el COP del R134a y el R1234yf oscilan entre el 13% y el 5%, pero con la introducción de IRS en el R1234yf estas diferencias se reducen a valores entre el 11% y el 1%.

En la Fig. 6.42 se muestran los valores absolutos del COP utilizando el refrigerante R1234yf y el R134a, con y sin IRS.

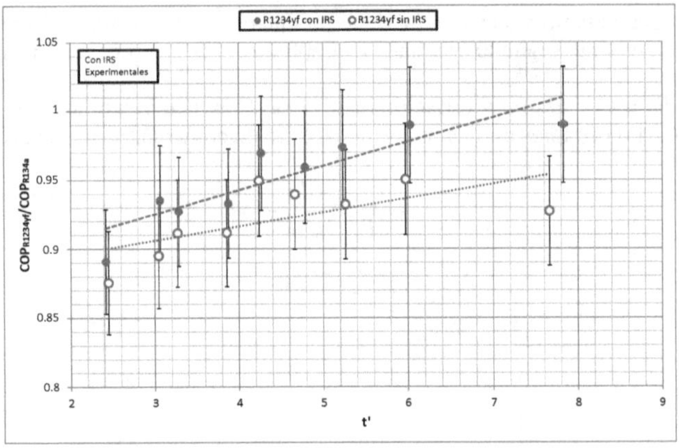

Fig. 6.41. Variación relativa del COP del R134a (sin IRS) y el R1234yf con y sin IRS.

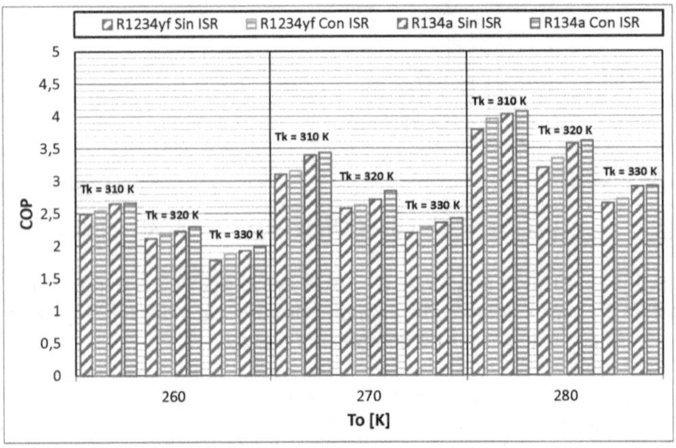

Fig. 6.42. Variación relativa del COP con y sin IRS.

En caso de sustitución directa, drop-in usando R1234yf, concluimos que siempre será interesante la introducción del IRS para disminuir las diferencias existentes entre el COP del R134a y del R1234yf. Dado que los sistemas de R134a en general no disponen de IRS, será una mejora significativa a realizar que mejorará los resultados.

6.10 CONCLUSIONES DEL CAPÍTULO

En este capítulo se han analizado los resultados experimentales obtenidos en el banco de ensayos para los refrigerantes R134a y R1234yf, y se han comparado con los resultados teóricos obtenidos en el Capítulo 3. Dado que en muchas instalaciones va a plantearse en un futuro la substitución directa del refrigerante R134a por un refrigerante con un GWP inferior, también se ha estudiado que sucede cuando efectuamos una substitución directa (drop-in) del refrigerante R134a por el refrigerante R1234yf.

Se han analizado las principales variables de funcionamiento y como afectan a los principales parámetros energéticos del ciclo, y se ha comprobado que el IRS tiene una influencia considerable.

Se ha visto que el caudal másico del refrigerante R1234yf es en torno a un 18-19% mayor que el del refrigerante R134a. Se ha observado que la potencia frigorífica del refrigerante R134a es del orden de un 5% a un 15% mayor que la del refrigerante R1234yf. Respecto a la potencia calorífica, se ha comprobado que es de un 8% a un 11% mayor en el refrigerante R134a que en el refrigerante R1234yf. En cuanto a la potencia de compresión, es muy similar en ambos fluidos. Respecto a la temperatura de descarga del refrigerante R134a, se ha observado que es considerablemente mayor que la del refrigerante R1234yf, siendo en torno a 3-4% superiores en el refrigerante R134a, y en valor absoluto de en torno a 8-10K superiores.

En el caso de la EER se ha visto que el refrigerante R134a presenta mejores valores que los del refrigerante R1234yf, con diferencias que oscilan entre el 4% y el 11%. En el COP también se ha visto que la instalación trabajando con R134a presenta valores superiores que con R1234yf, estando estas diferencias comprendidas entre el 5% y el 10%.

Se ha comprobado, que tal y como habíamos deducido en el análisis teórico realizado en el Capítulo 3, que el IRS tiene una influencia significativa, afectando más favorablemente al refrigerante R1234yf que al refrigerante R134a. El IRS del banco de ensayos, hemos observado que tiene una eficiencia comprendida entre el 17-25% dependiendo del punto de funcionamiento. Cuando comparamos las variaciones experimentales entre el sistema con y sin IRS, observamos que en para el caudal másico de refrigerante, tenemos reducciones de caudal en torno al 0-5% para ambos refrigerantes, comportándose de forma muy similar en ambos refrigerantes. Para la potencia frigorífica, vemos que tenemos incrementos del 2% al 9% para el refrigerante R1234yf y del 0% al 5% para el refrigerante R134a con la introducción del IRS. Para la potencia calorífica las variaciones son incrementos del 1% al 6% para el refrigerante R1234yf y del 0% al 4% para el refrigerante R134a. Respecto a la potencia de compresión, se comprueba que el IRS no tiene una influencia significativa, siendo las variaciones introducidas inferiores al 1% y comportándose de manera muy similar ambos refrigerantes. Se ha visto que respecto a la temperatura de descarga, la introducción del IRS afecta del mismo modo a ambos refrigerantes, introduciendo aumentos de 5 K a 11 K para ambos fluidos, pero que la instalación funcionando con R1234yf y con IRS muestra temperaturas de descarga muy similares al R134a sin IRS.

En el caso de la EER, la introducción del IRS causa un aumento significativamente mayor en el caso del refrigerante R1234yf que en el caso del refrigerante R134a. Las mejoras relativas están comprendidas entre el 2% y el 10% para el refrigerante R1234yf y del 1% al 6% para el refrigerante R134a. El comportamiento respecto al COP es totalmente similar, y las mejoras introducidas están comprendidas entre el 2% y el 11% para el refrigerante R1234yf y entre el 0% y el 10% para el refrigerante R134a.

Para el caso de un drop-in una observación importante respecto a la EER, es que si realizamos una substitución directa del R134a por el R1234yf e introducimos un IRS las diferencias se reducen. Al comparar el funcionamiento del R134a sin IRS y el R1234yf con IRS, observamos que las diferencias se reducen desde el 7-12% inicial sin IRS a valores comprendidos entre el 0% y el 10% si introducimos IRS al realizar el drop-in con R1234yf. De forma muy similar tenemos este comportamiento respecto al COP, pero en este caso tenemos que las diferencias se reducen desde el 13% al 5% inicial sin IRS a valores comprendidos entre el 11% y el 1% si introducimos IRS al realizar el drop-in con R1234yf.

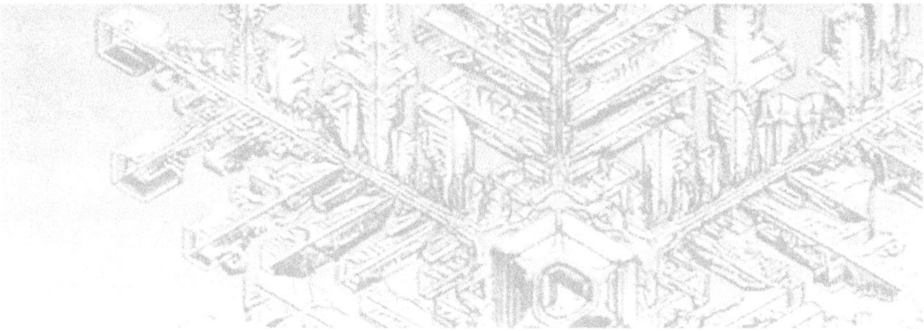

CAPÍTULO 7.

CONCLUSIONES Y TRABAJOS FUTUROS

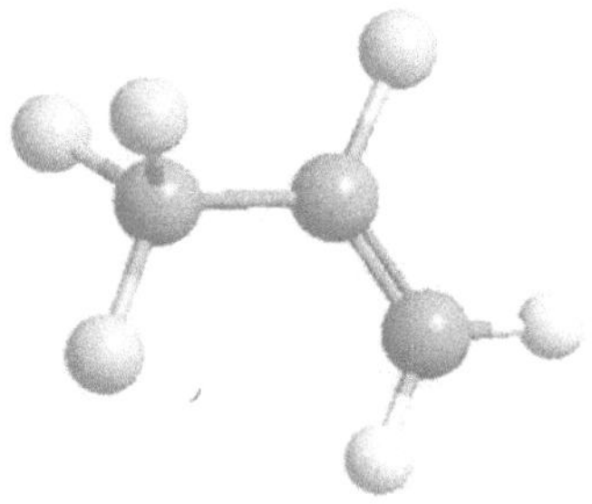

CAPÍTULO 7

CONCLUSIONES Y TRABAJOS FUTUROS

7.1 CONCLUSIONES

En base a los objetivos planteados en esta tesis, en los que se realiza la evaluación del nuevo refrigerante R1234yf como alternativa de bajo potencial de calentamiento global al R134a en aplicaciones de refrigeración y climatización, comentamos a continuación las principales conclusiones obtenidas.

- Se ha realizado una revisión del estado del arte de alternativas de refrigerantes de bajo PCM en los sistemas de compresión de vapor. Se ha estudiado la evolución experimentada por los fluidos frigorígenos en los ciclos de compresión de vapor. Se ha estudiado la evolución de la problemática medioambiental asociada a los refrigerantes, desde la problemática inicial como consecuencia de los efectos nocivos sobre la capa de ozono, hasta la problemática actual que analiza el efecto invernadero asociado a los refrigerantes que causan el problema de calentamiento global. Se han visto los fluidos propuestos actualmente como alternativa de bajo PCM al R134a y, en concreto, se ha estudiado el refrigerante R1234yf (HFO) como alternativa de bajo PCM.

- Se ha obtenido una evaluación teórica del uso de R1234yf como refrigerante comparando su funcionamiento esperado respecto al R134a. Así, se ha analizado en un ciclo teórico como afectan las condiciones de operación a los principales parámetros energéticos del ciclo. Las principales conclusiones obtenidas del análisis teórico son las siguientes:

  - Las potencias frigoríficas teóricas del refrigerante R134a son entre un 3% y un 11% superiores a las que presenta el R1234yf en el rango de condiciones de operación analizado.

  - La potencia calorífica teórica del refrigerante R134a es del orden del 3% al 9% superior que la del refrigerante R1234yf en el rango de condiciones de operación analizado.

- La potencia de compresión teórica para los refrigerantes R134a y R1234yf son muy similares, siendo en torno al 1% superiores en el refrigerante R1234yf para presiones de condensación y evaporación bajas y en torno a un 3% superiores en el refrigerante R134a para presiones de evaporación y condensación altas.

- La temperatura de descarga teóricas del refrigerante R134a es de un 5% a un 12% (en torno 6K - 8K en valor absoluto) superior que la del refrigerante R1234yf.

- En cuanto a la EER teórica obtenida con el refrigerante R134a es, en el rango de condiciones de operación estudiadas, un 2% - 11% superior que en el caso del refrigerante R1234yf.

- En el análisis teórico se ha estudiado también la influencia que tiene introducir un IRS por ser un dispositivo que puede igualar las prestaciones entre ambos fluidos. Las principales conclusiones respecto al IRS del análisis teórico, en el rango de condiciones de operación analizado, son las siguientes:

  - El IRS tiene una influencia significativa en el ciclo teórico, siendo más favorable su introducción en el caso del refrigerante R1234yf frente al refrigerante R134a.

  - La potencia frigorífica teórica al introducir un IRS con una eficiencia del 20% presenta incrementos en torno al 1% - 7% para el refrigerante R1234yf, siendo estos incrementos inferiores al 3% para el refrigerante R134a. Para eficiencias altas, tenemos incrementos de un 4% a un 25% para el refrigerante R1234yf y del 1% al 11% para el refrigerante R134a. Comparando el ciclo teórico utilizando R134a sin IRS y utilizando R1234yf con IRS, las potencia frigoríficas teóricas se igualarían para una eficiencia del IRS del 50%.

  - La potencia calorífica teórica obtenida con un IRS de baja eficiencia (20%) presenta incrementos en torno al 1% - 5% para el refrigerante R1234yf e inferiores al 2% para el refrigerante R134a. Para eficiencias altas, eficiencia del IRS del 80%, tenemos incrementos de un 4% a un 18% para el refrigerante R1234yf y del 1% al 8% para el refrigerante R134a.

  - La potencia de compresión teórica no presenta grandes variaciones como consecuencia de la introducción de IRS, siendo inferiores al 1% para eficiencias del IRS bajas e inferiores al 3% para altas eficiencias, estando siempre la variación de la potencia de compresión del refrigerante R1234yf por encima de la del refrigerante R134a.

  - El IRS aumenta la temperatura de descarga teórica, siendo los aumentos muy similares en ambos refrigerantes. Para eficiencias bajas los incrementos están entre el 4% y el 11% y para eficiencias altas están entre el 15% y el 45%.

- La EER del ciclo teórico al introducir el IRS sufre incrementos para eficiencias bajas en torno al 1% al 6% para el refrigerantes R1234yf e inferiores al 2% en el caso del refrigerante R134a. Si utilizamos un IRS de alta eficiencia, el incremento en la EER del refrigerante R1234yf adopta valores entre el 3% y el 21% y valores entre el 1 y el 10% para el refrigerante R134a. Comparando el ciclo teórico utilizando R134a sin IRS y utilizando R1234yf con IRS, las EER teóricas se igualarían para una eficiencia del IRS del 50%.

- Se ha actualizado una instalación experimental constituida por un circuito frigorífico de compresión de vapor y dos circuitos secundarios para la aportación de carga al evaporador y para la disipación de calor del condensador. Se ha monitorizado esta instalación mediante sondas de presión y temperatura, caudalímetros en los circuitos secundarios y el circuito de compresión de vapor, watímetros para medir los consumos eléctricos y sondas de presión diferencial para medir las caídas de presión en el IRS. Así mismo, se ha realizado una interfaz gráfica para visualizar el comportamiento de la instalación en tiempo real y se ha construido una hoja de cálculo para poder mostrar gráficamente y numéricamente los resultados.

- Se ha realizado una planificación de ensayos y procesado los datos experimentales. Se han validado los resultados experimentales obtenidos para verificar las mediciones y se ha estudiado cómo afectan en los resultados la propagación de errores asociada a la incertidumbre de los instrumentos de medida en las magnitudes derivadas y calculadas.

- Se ha realizado una evaluación experimental del uso de R1234yf como fluido de sustitución directa (drop-in) en una instalación que utiliza R134a como refrigerante. Se han analizado los resultados experimentales obtenidos y se ha comparado y analizado con los resultados teóricos obtenidos. Las principales conclusiones obtenidas en el análisis experimental son las siguientes:

    - El caudal másico experimental de refrigerante en la instalación, dentro del rango de operación analizado, es en torno a un 18%-20% superior en el caso del refrigerante R1234yf que en el caso del R134a.

    - La potencia frigorífica obtenida con el refrigerante R134a es del orden de un 5% a un 15% superior que la del refrigerantes R1234yf en el rango de condiciones de operación ensayado. Esta diferencia es mayor para temperaturas de condensación altas y temperaturas de evaporación bajas.

    - La potencia calorífica obtenida con el refrigerante R134a, en el rango de operación analizado, es del orden 8% a un 11% superior que la que se obtiene utilizando el refrigerante R1234yf. Esta diferencia es mayor para temperaturas de condensación altas y temperaturas de evaporación bajas.

    - La potencia de compresión es muy similar en ambos fluidos, no existiendo diferencias significativas en los resultados experimentales obtenidos en el rango ensayado.

- La temperatura de descarga del refrigerante R134a es en torno a un 3% al 4% superior en el R134a, siendo en valor absoluto de 8K a 10K superior en el rango ensayado.

- La EER del refrigerante R134a es entre el 4% y el 11% superior a la del R1234yf, siendo esta diferencia menor a bajas temperaturas de condensación.

- El COP del refrigerante R134a es entre el 5% y el 10% superior a la del refrigerante R1234yf en el rango ensayado, y esta diferencia se ve disminuida a temperaturas de condensación bajas.

- Se ha realizado una evaluación experimental del uso de un IRS con eficiencias comprendidas entre el 17% y el 25%. Se ha comprobado, que tal y como se concluía en el análisis teórico, el IRS tiene una influencia significativa. Las principales conclusiones obtenidas respecto al uso del IRS, en el rango de condiciones de operación ensayado, son las siguientes:

  - La potencia frigorífica sufre incrementos relativos del 2% al 9% para el R1234yf y del 0 al 5% para el R134a con la introducción del IRS.

  - La potencia calorífica sufre incrementos relativos del 1% al 2% para el refrigerante R134a y del 3% al 4% para el refrigerante R1234yf con la introducción del IRS.

  - Con la adopción del IRS la potencia de compresión no presenta variaciones significativas.

  - La introducción de IRS aumenta la temperatura de descarga por igual en ambos fluidos, siendo este aumento entre 5K y 11K.

  - La EER, con la introducción del IRS, sufre un aumento relativo del 2 al 10% para el refrigerante R1234yf y del 1% al 6% en el refrigerante R134a.

  - El COP, sufre un aumento relativo del 1 al 4% para el refrigerante R1234yf y del 3% al 5% en el refrigerante R134a con la introducción del IRS.

- Se ha realizado un estudio sobre el impacto energético de la sustitución y el uso de un dispositivo de subenfriamiento-recalentamiento como medida para aumentar el desempeño energético de la sustitución directa. Para el caso de un drop-in, una conclusión importante respecto a la EER es que si realizamos una sustitución directa del R134a por el R1234yf, e introducimos un IRS con una eficiencia superior a un 25%, las diferencias entre ambos refrigerantes prácticamente desaparecen.

7.2 TRABAJOS FUTUROS

De las conclusiones extraídas en la presente tesis doctoral se deriva que la utilización del R1234yf en nuevas instalaciones requiere el uso de un IRS para conseguir igualar las prestaciones energéticas respecto al R134a, además de tener en cuenta el correcto dimensionado para paliar parte de las desventajas encontradas. Con todo ello se ha planteado la construcción de una nueva instalación diseñada para este fluido y sus mezclas, de forma que se puedan evaluarse mejoras a introducir para que mantengan o incluso mejoren la eficiencia energética de los refrigerantes actuales. Un punto en el que queremos hacer especial énfasis es en el comportamiento con la variación de la eficiencia del IRS y la variación de las pérdidas de presión introducidas por éste elemento, para determinar experimentalmente como afecta la variación de estos parámetros en el comportamiento de los fluidos.

Adicionalmente, gracias a los trabajos realizados, se han generado las sinergias necesarias para continuar con el análisis de nuevos refrigerantes basados en fluidos HFO. Actualmente, existen alternativas aún en desarrollo de bajo PCM y nula inflamabilidad para los que puede estudiarse su comportamiento y medidas de mejora de eficiencia energética que hagan más viable su uso.

Además, entra dentro de las perspectivas a corto plazo del grupo de trabajo el ensayar estos nuevos fluidos y extender el estudio actual a las nuevas alternativas de bajo PCM planteadas para la sustitución de los fluidos HFC R404A, R407C y R410A.

CAPÍTULO 8.

REFERENCIAS

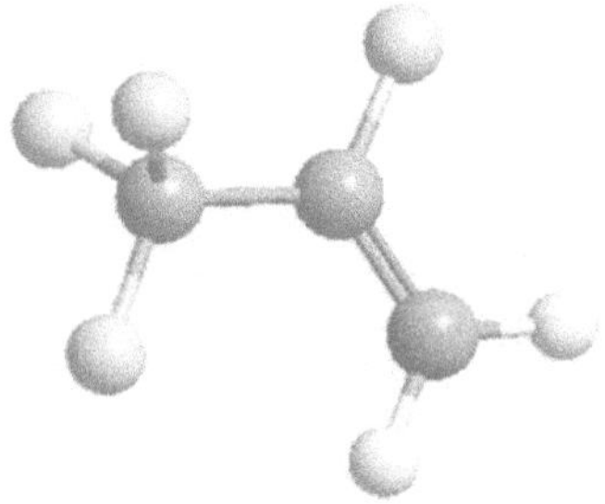

CAPÍTULO 8

REFERENCIAS

[1] I. Perkins, Apparatus for Producing Cold and Cooling Fluids, British Patent No. 6662, 14.02.1835 (applied for: 18.04.1834).

[2] J.M. Belman, Desarrollo de un modelo físico para una instalación de producción de frío por compresión de vapor utilizando el refrigerante R134a. Validación experimental y aplicación para la simulación energética. Tesis doctoral, Universitat Jaume I, 2008.

[3] V. Milián, Desarrollo de un modelo dinámico reducido de un sistema de refrigeración industrial basado en el ciclo de compresión de vapor. Tesis doctoral, Universitat Jaume I, 2011.

[4] J. Navarro-Esbrí, J.M. Mendoza-Miranda, A. Mota-Babiloni, A. Barragán-Cervera, J.M. Belman-Flores, Experimental analysis of R1234yf as a drop-in replacement for R134a in a vapour compression system, International Journal of Refrigeration 36 (2013), 870 – 880.

[5] J. Navarro-Esbrí, F. Molés, A. Barragán-Cervera, Experimental analysis of the internal heat exchanger influence on a vapour compression system performance working with R1234yf as a drop-in replacement for R134a, Applied Thermal Engineering 59 (2013), 153 – 161.

[6] A. Mota-Babiloni, J.M. Mendoza-Miranda, J. Navarro-Esbrí, V. Milián-Sánchez, A. Barragán-Cervera, Comparación experimental de correlaciones utilizadas en ebullición forzada con R134a, XVIII Congresos Internacional Anual de la SOMIM, 2012, Salamanca, Guanajuato, México.

[7] J.M. Mendoza, A. Mota, J. Navarro-Esbrí, J.M. Belman, A. Barragán, Aplicación en Microsoft Excel® para análisis de datos experimentales en una instalación de compresión de vapor, Congreso Iberoamericano CYTEF, 2012, Madrid.

[8] Aplicación de nuevos refrigerantes con bajo potencial de efecto invernadero en sistemas de frío comercial y climatización, Universitat Jaume I, Fundación Caixa Castelló-Bancaixa, 2011-2012.

[9] J.M. Calm, D.A. Didion, Trade-Offs in Refrigerant Selections: Past, Present, and Future, Refrigerants for the 21st Century ASHRAE/NIST Refrigerants Conference

National Institute of Standards and Technology October 6-7, 1997 American Society of Heating, Refrigerating and Air-Conditioning Engineers.

[10] O. Pelletier, Propane as refrigerant in residential heat pumps, Engineering licentiate thesis, applied thermodynamics and refrigeration, ISRN KTH/REF/R.97/21-SE,Royal Institute of Technology, Stockholm, Sweden, 1998.

[11] Car Lighting and Power Company (CLPC), 1992, Advertisement, Ice and Refrigeration, page 28, December.

[12] T. Midgley, A.L. Henne, Organic fluorides as refrigerants, Industrial and Engineering Chemistry 22 (1930), 542 – 545.

[13] M. Molina, F.S. Rowland, Stratospheric sink for chlorofluoromethanes: chlorine atom-catalysed destruction of ozone, Nature 249 (1974), 810 – 812.

[14] J. Farman, B.G. Gardiner, J.D. Shanklin, J. D., Nature 315 (1985), 207 – 210.

[25] IPCC. IPCC/TEAP Special Report: Safeguarding the Ozone Layer and the Global Climate System, 2005. Obtenido online en: http://www.ipcc.ch/pdf/special-reports/sroc/sroc_full.pdf, 26 de Septiembre de 2011.

[16] United Nations Environmental Program, Montreal Protocol on substances that deplete the Ozone layer, 1987.

[17] K. Watanabe, Past, present and future working fluids for refrigeration an heat pump cycles, Proc. Of Zero Leakage-Minimum Charge, IIR/IIF, Stockholm, 2002.

[18] Diario Oficial de la Unión Europea. Reglamento (CE) nº 2037/2000 del Parlamento Europeo y del Consejo, de 29 de Junio de 2000, sobre las sustancias que agotan la capa de ozono.

[19] Informe de la Conferencia de las Naciones Unidas sobre el Medio Ambiente y el Desarrollo, Río de Janeiro, 3 a 14 de junio de 1992 (publicación de las Naciones Unidas, número de venta: S.93.I.8 y correcciones), vols. I a III.

[20] Informe de la Conferencia de las Partes, Decisión 1/CP.1 – Mandato de Berlín, Berlín, 28 de marzo – 07 de abril de 1995.

[21] United Nation Framework Convention on Climate Change, Kyoto protocol, 1997.

[22] Protocolo de Kyoto de la Convención marco de las Naciones Unidas sobre el Cambio Climático. Naciones Unidas 1998.

[23] Diario Oficial de la Unión Europea. Directiva 2006/40/CE del Parlamento Europeo y del Consejo de 17 de mayo de 2006.

[24] Diario Oficial de la Unión Europea. Reglamento (CE) nº 1516/2007 de la Comisión de 19 de diciembre de 2007.

[25] Diario Oficial de la Unión Europea. Reglamento (CE) nº 303/2008 de la Comisión de 2 de abril de 2008.

[26] Grupo Intergubernamental de Expertos sobre el Cambio Climático y Grupo de Evaluación Tecnológica y Económica. Cuestiones relativas a los hidrofluorocarbonos y a los perfluorocarbonos. Resumen para responsables de políticas y Resumen técnico, 2005.

[27] Report of the Conference of the Parties on its fifteenth session, held in Copenhagen from 7 to 19 December 2009. United Nations 2010.

[28] International Institute of Refrigeration (IIF), Boletín 19997-6.

[29] Hung Pham, Harvey Sachs, Next Generation Refrigerants: Standards and Climate Policy Implications of Engineering Constraints, 2010 ACEEE Summer Study on Energy Efficiency in Buildings.

[30] Meng Wang, Yuangyang Zhao, Feng Cao, Gaoxuan Bu, Zhizhong Wang, Simulation study on a novel vane-type expander with internal two-stage expansion process for R410A refrigeration system, International Journal of Refrigeration 35 (2012), 757 – 771.

[31] Alison Subiantoro, Ken Shaun Yap, Kim Tiow Ooi, Experimental investigations of the revolving vane expander, Applied Thermal Engineering 50 (2013), 393 – 400.

[32] Soo-Yong Cho, Chong-Hyun Cho, Chaesil Kim, Performance characteristics of a turbo expander substituted for expansion valve on air-conditioner, Experimental Thermal and Fluid Science 32 (2008), 1655 – 1665.

[33] Wei Wang, Yu-ting Wu, Chong-fang Ma, Lin-ding Liu, Jian Yu, Preliminary experimental study of single screw expander prototype, Applied Thermal Engineering 31 (2011), 3684 – 3688.

[34] A. Selvaraju, A. Mani, Experimental investigation on R134a vapour ejector refrigeration system, International Journal of Refrigeration 29 (2006), 1160 – 1166.

[35] Jianlin Yu, Xin Song, Ming Ma, Theoretical study on a novel R32 refrigeration cycle with a two-stage suction ejector, International Journal of Refrigeration 36 (2013), 166 – 172.

[36] Jahar Sarkar, Ejector enhaced vapor compression refrigeration and heat pump systems – A review, Renewable and Sustainable Energy Reviews 16 (2012), 6647 – 6659.

[37] Xiangjie Chen, Sidding Omer, Mark Worall, Saffa Riffat, Recent developments in ejector refrigeration technologies, Renewable and Sustainable Energy Reviews 19 (2013), 629 – 651.

[38] W.B. Gosney, Principles of Refrigeration, Cambridge University Press, 1982.

[39] C. Aprea, M. Ascani, F. de Rossi, A criterion for predicting the possible advantage of adopting a suction/liquid heat exchanger in refrigeration system, Applied Thermal Engineering 19 (1999), 329 – 336.

[40] P.A. Domanski, D.A. Didion, J.P. Doyle, Evaluation of suction-line/liquid-line heat exchanger in the refrigeration cycle, International Journal of Refrigeration 17 (1994), 487 – 493.

[41] P.A. Domanski, Theoretical evaluation of the vapour compression cycle with a liquid-line/suction-line heat exchanger, economizer, and ejector, In: National Institute of Science and Technology, Interagency Report 5606, National Institute of Standards and Technology, Gaithersburg, MD, 1995.

[42] M.H. Kim, P.A. Domanski, D.A. Didion, Performance of R-22 alternative refrigerants in a system with cross-flow and counterflow heat exchangers, In: NIST Internal Report 5945, 1997.

[43] S.A. Klein, D.T. Reindl, K. Brownell, Refrigeration system performance using liquid-suction heat exchangers, International Journal of Refrigeration 23 (2000), 588 – 596.

[44] R. Mastrullo, A.W. Mauro, S. Tino, G.P. Vanoli, A chart for predicting the possible advantage of adopting a suction/liquid heat exchanger in refrigerating system, Applied Thermal Engineering 27 (2007), 2443 – 2448.

[45] M.H. Kim, Performance evaluation of R-22 alternative mixtures in a breadboard heat pump with pure cross-flow condenser and counter-flow evaporator, Energy 27 (2002), 167 – 181.

[46] D. Boewe, J.M. Yin, Y.C. Park, C.W. Bullard, P.S. Hrnjak, The role of the suction line heat exchanger in transcritical R744 mobile A/C systems, In: SAE 1999, Detroit, USA, 1999, Paper No. 1999-01-0583.

[47] J. Navarro-Esbrí, R. Cabello, E. Torrella, Experimental evaluation of the internal heat exchanger influence on a vapour compression plant energy efficiency working with R22, R134a and R407C, Energy 30 (2005), 621 – 636.

[48] J.M. Calm, Options and outlook for chiller refrigerants, International Journal of Refrigeration 25 (2002), 705 – 715.

[49] Navarro-Esbrí J, Cabello R, Torrella E. Fluidos Refrigerantes. Tablas y Diagramas. 1a ed. Madrid: AMV Ediciones; 2003.

[50] EN-378:2007, 2007, Refrigerating Systems and Heat Pumps – Safety and Environmental Requirements, Comité Européen de Normalisation, Geneva.

[51] ASHRAE Standard 15, 2001, Safety standard for refrigeration systems, American Society of Heating, Refrigeration and Air Conditioning Engineers, Atlanta.

[52] A. Pearson, Refrigeration with ammonia, International Journal of Refrigeration 31 (2008), 545 – 551.

[53] Anon., 2007, Ammonia as a Refrigerant, third ed. International Institute of Refrigeration, Paris.

[54] A. Pearson, The optimization of carbon dioside refrigeration systems, Univeristy of Strathclyde, Glasgow, 2005.

[55] A. Gigiel, J. Evans, Experience of operating an older ammonia plant and the energy consumption, In: IIR Conference: Ammonia Refrigeration Technology for Today and Tomorrow, Ohrid, 2007.

[56] G. Lorentzen, Revival of carbon dioxide as a refrigerant, International Journal of Refrigeration 17 (1994), 292 – 301.

[57] A. Pearson, Carbon dioxide – new uses for an old refrigerant, International Journal of Refrigeration 28 (2005), 1140 – 1148.

[58] R.Z. Wang, Y. Li, Perspectives for natural working fluids in China, International Journal of Refrigeration 30 (2007), 568 – 581.

[59] J.R. Sand, S.K. Fisher, V.D. Baxter, Energy and Global Warming Impacts of HFC Refrigerants and Emerging Technologies, Oak Ridge National Laboratory, Oak Ridge, Tennessee, 1997, sponsored by AFEAS and U.S. Department of Energy.

[60] Man-Hoe Kima, Jostein Pettersen, Clark W. Bullard, Fundamental process and system design issues in CO_2 vapor compression systems, Program Energy Combustion Science 30 (2003), 119 – 174.

[61] J. Sarkar, S. Bhattacharyya, M. Ram Gopal, Optimization of a transcritical CO_2 heat pump cycle for simultaneous cooling and heating applications, International Journal of Refrigeration 27 (2004), 830 – 838.

[62] J.S. Brown, S.F. Yana-Motta, P.A. Domanski, Comparative analysis of an automotive air conditioning systems operating with CO_2 and R134a, International Journal of Refrigeration 25 (2002), 19 – 32.

[63] H. Liu, J. Chen, Z. Chen, Experimental investigation of a CO_2 automotive air conditioner, International Journal of Refrigeration 28 (2005), 1293 – 1301.

[64] S. Girotto, S. Minetto, P. Neska, Commercial refrigeration system using CO_2 as the refrigerant, International Journal of Refrigeration 27 (2004), 717 – 723.

[65] A. Cavallini, L. Cecchinato, M. Corradi, E. Fornasieri, C. Zilio, Two-stage transcritical carbón dioxide cycle optimisation: a theoretical and experimental analysis, International Journal of Refrigeration 28 (2005), 871 – 880.

[66] P. Neska, CO_2 heat pump systems, International Journal of Refrigeration 25 (2002), 421 – 427.

[67] D.M. Robinson, E.A. Groll, Efficiencies of transcritical CO_2 cycles with and without an expansion turbine, International Journal of Refrigeration 21 (1998), 577 – 589.

[68] D.E. Boewe, C.W. Bullard, J.M. Yin, Contribution of an internal heat exchanger to transcritical R744 cycle performance, International Journal HVAC&R 7 (2001), 155 – 168.

[69] A. Cavallini, Properties of CO_2 as a refrigerant, In: European Seminar, Carbon Dioxide as a Refrigerant: Theoretical and Design Aspects, 2004 November 27, Milan, Italy.

[70] V. Casson, L. Cecchinato, M. Corradi, E. Fornasieri, S. Girotto, S. Minetto, L. Zamboni, C. Zilio, Optimisation of the throttling system in a CO_2 refrigeration machine, International Journal of Refrigeration 26 (2003), 926 – 935.

[71] E. Granryd, Hydrocarbons as refrigerants – an overview, International Journal of Refrigeration 24 (2001), 15 – 24.

[72] D. Colbourne, An overview of hydrocarbons as replacement refrigerants in commercial refrigeration and air conditioning, "Will there be a cold war between HFC's and natural refrigerants", UTEF/CNR, Padova, Italy, June 2000.

[73] K. Spindler, The influence of the thermophysical properties of refrigeratns on the performance of heat pumps, Proceedings of the 72 Eurotherm Seminar, Valencia, Spain, 2003, 285 – 290.

[74] Y. Higashi, D. Yashar, Determination of critical parameters for propane and isobutene, 15th Symposium of thermophysical properties.

[75] B. Sakeh, M. Wendland, Screening of pure fluids as alternative refrigerants, International Journal of Refrigeration 29 (2006), 260 – 269.

[76] P.A. Domanski, D. Yashar, Comparable performance evaluation of HC and HFC refrigerants in an optimized system, Proceedings of 7th Gustav Lorentzen Conference on Natural Working Fluids (2006), 390 – 394.

[77] J.S. Shin, M.H. Kim, Performance Evaluation of Near-Azeotropic R502 Alternative Refrigerants, Proceedings of 7th Gustav Lorentzen Conference on Natural Working Fluids (2006), 383 – 386.

[78] M.S. Kim, W. Mutroy, D.A. Didion, Performance Evaluation of two azeotropic refrigerant mixtures of R134a with R290 (propane) and R600a (isobutene), ASME 116 (1994), 148 – 154.

[79] P.R. Barnes, C.W. Bullard, Charge minimization in a compact chiller, Zero leakage-minimum charge, IIR/IIF, Stockholm (2002).

[80] D. Clodic, L. Palandre, Refrigerant capacity ratio as an indicator to evaluate advance technology for low charge refrigerant systems, Zero Leakage-Minimum Charge, IIR/IIF, Stockholm (2002).

[81] J.R. García Cascales, F. Vera García, J.M. Corberán Salvador, Assesment of boiling and condensation heat transfer correlations in the modeling of plate heat exchangers, International Journal of Refrigeration 30 (2007), 1029 – 1041.

[82] B. Palm, Refrigeration systems with minimum charge of refrigerant, Applied Thermal Engineering 27 (2007), 1693 – 1701.

[83] B.O. Bolaji, Experimental Study of R152a and R32 to replace R134a in a domestic refrigerator, Energy 35 (2010), 3793 – 3798.

[84] Bitzer, Refrigerant Report, 13th ed. 71065 Sindelfingen, Germany: Bitzer International.

[85] X. Hua, W. Chen, The comparison of the performance of R22/R124/R152a DuPont blends and R12 in refrigerator/freezers. In: The proceedings of the International Conference on CFC and halon alternatives, April, Beijing, China, 1993, 159 – 164.

[86] E.A. Vineyard, I. Swatkowski, Energy efficiency of R134a versus R152a, In: The proceedings of the International Conference on CFC and halon alternatives, October, Washington, DC, USA, 1993, 86 – 91.

[87] W. Yezheng, Possibility of using R32/R152a in refrigerator, In: The proceedings of the International Conference on CFC and halon alternatives, October, Washington, DC, USA, 1993, 188 – 193.

[88] ASHRAE, Thermophysical properties of refrigerants, ASHRAE fundamental, Atlanta, 2001.

[89] B.O. Bolaji, Investigating the performance of some environmentfriendly refrigerants as alternative to R12 in vapour compression refrigeration system, PhD Thesis, Akure, Nigeria, 2008.

[90] K. Wang, M. Eisele, Y. Hang, R. Radermacher, Review of secondary loop refrigeration systems, International Journal of Refrigeration 33 (2010), 212 – 234.

[91] J.A. Baker, M. Ghodbane, J. Rugh, W.R. Hill, Alternative refrigerant demonstration vehicles, In: SAE 8th alternate refrigerant systems symposium, Scottsdale, AZ, USA, SAE International, 2007, Warrendale, PA, USA.

[92] R. Monfort, C. Malvicino, T. Craig, Secondary loop system for small cars, In: 2nd European Workshop on Mobile Air Conditioning and Auxiliaries, Torino, Italy, 2007.

[93] Honeywell International Inc. Solstice Range of Refrigerants. Honeywell fluorine products. Interleuvenlaan building 1 B-3001 Heverlee, Belgica. Octubre 2012.

[94] Honeywell International Inc. Latest developments of low global warming refrigerans for chilllers. Honeywell fluorine products. 2012 Chillventa, Nuremburg, Germany.

[95] World Meteorological Organization (WMO), Scientific Assessment of Ozone Depletion: 2006, Global Ozone, Research and Monitoring Project – Report 50, Geneva, Switzerland, 2007.

[96] V.C. Papadimitriou, R.K. Talukdar, R.W. Portmann, A.R. Ravishankara, J.B. Burkholder, CF3CF=CH2 and (Z)-CF3CF=CHF: Temperature dependent OH rate coefficients and global warming potentials, Physical Chemistry and Chemical Physics 10 (2008), 808 – 820.

[97] O.J. Nielsen, M.S. Javadi, A. Sulbak, M.D. Hurley, T.J. Wallington, R. Singh, Atmospheric chemistry of CF3CF=CH2: Kinetics and mechanisms of gas-phase reactions with Cl atoms, OH radicals, and O3. Chemical Physics Letters 439 (2007), 18 – 22.

[98] M. Koban, HFO-1234yf Low GWP Refrigerant LCCP Analysis, SAE Technical Paper 2009-01-0179, doi: 10.4271/2009-01-0179.

[99] D.J. Luecken, R.L. Waterland, S. Papasavva, K.N. Taddonio, W.T. Hutzell, J.P. Rugh, S.O. Andersen, Ozone and TFA Impacts in North America from Degradation of 2,3,3,3-Tetrafluoropropene (HFO-1234yf), A Potential Greenhouse Gas Replacement, Environmental Science Technology 44 (2010), 343 – 348.

[100] S. Henne, D.E. Shallcross, S. Reimann, P. Xiao, D. Brunner, S. O'Doherty, B. Buchmann, Future Emissions and Atmospheric Fate of HFC-1234yf from Mobile Air Conditioners in Europe, Environmental Science Technology 46 (2012), 1650 – 1658.

[101] J.S. Brown, C. Zilio, A. Cavallini, Critical Review of the Latest Thermodynamic and Transport Property Data and Models, and Equations of State for R-1234yf, International Refrigeration and Air Conditioning Conference at Purdue 2010, West Lafayette, IN, USA, Paper 1130.

[102] L. Wang, C. Dang, E. Hihara, Experimental study on condensation heat transfer and pressure drop of low GWP refrigerant HFO1234yf in a horizontal tube, International Journal of Refrigeration 35 (2012), 1418 – 1429.

[103] K.J. Park, D.G. Kang, D. Jung, Condensation heat transfer coefficients of R1234yf on plain, low fin, and Turbo-C tubes, International Journal of Refrigeration 34 (2011), 317 – 321.

[104] K.J. Park, D. Jung, Nucleate boiling heat transfer coefficients of R1234yf on plain and low fin surfaces, International Journal of Refrigeration 33 (2010), 553 – 557.

[105] S. Saitoh, C. Dang, Y. Nakamura, E. Hihara, Boiling heat transfer of HFO-1234yf flowing in a smooth small diameter horizontal tube, International Journal of Refrigeration 34 (2011), 1846 – 1853.

[106] G.A. Longo, Vaporisation of the low GWP refrigerant HFO1234yf inside a brazed plate heat exchanger, International Journal of Refrigeration 35 (2012), 952 – 961.

[107] R. Akasaka, K. Tanaka, Y. Higashi, Thermodynamic property modelling for 2,3,3,3-tetrafluropropene (HFO-1234yf), International Journal of Refrigeration 33 (2010), 52 – 60.

[108] Y. Lee, D. Jung, A brief performance comparison of R1234yf and R134a in a bench tester for automobile applications, Applied Thermal Engineering 35 (2012), 240 – 242.

[109] C. Zilio, J.S. Brown, G. Schiochet, A. Cavallini, The refrigerant R1234yf in air conditioning systems, Energy 36 (2011), 6110 – 6120.

[110] M. Bryson, C. Dixon, S. St Hill, Testing of HFO-1234yf and R152a as mobile air conditioning refrigerant replacements, Ecolibrium May 2011, 30 – 38.

[111] P. Reasor, V. Aute, R. Radermacher, Refrigerant R1234yf Performance Comparison Investigation, In: International Refrigerating and Air Conditioning Conference at Purdue, 2010, West Lafayette, IN, USA, Paper No. 1085.

[112] T.J. Leck, New High Perfromance Low GWP Refrigerants for Stationary AC and Refrigeration, In: International Refrigerating and Air Conditioning Conference at Purdue, 2010, West Lafayette, IN, USA, Paper No. 1032.

[113] K. Endoh, H. Matasushima, S. Takaku, Evaluation of Cycle Performance of Room Air Conditioner Using HFO1234yf as Refrigerant, In: International Refrigerating and Air Conditioning Conference at Purdue, 2010, West Lafayette, IN, USA, Paper No. 1050.

[114] T. Okazaki, H. Maeyama, M. Saito, T. Yamamoto, Performance and Reliability Evaluation of a Room Air Conditioner with Low GWP Refrigerant, In: International Symposium on Next generation Air Conditioning and Refrigerating Technology, 2010, Tokyo, Japan.

[115] J. Navarro-Esbrí, J.M. Mendoza-Miranda, A. Mota-Babiloni, A. Barragán-Cervera, J.M. Belman-Flores, Experimental analysis of R1234yf as a drop-in replacement for R134a in a vapour compression system, International Journal of Refrigeration 36 (2013), 870 – 880.

[116] S. Jarall, Study of refrigeration system with HFO-1234yf as a working fluid, International Journal of Refrigeration 35 (2012), 1668 – 1677.

[117] Bitzer Technical Information, Open reciprocating compressor type, Bitzer International, document KP-510-3.

[118] Danfoss Technical leaflet, Thermostatic expansion valves, type T2 and TE2, Refrigeration and air conditioning.

[119] E.W. Lemmon, M.L. Huber, M.O. McLinden, REFPROP, NIST Standard Reference Database 23, v.8, National Institute of Standards, Gaithersburg, MD, USA, 2007.

[120] J.R. Taylor, An introduction to error analysis, 2nd ed. Sausalito, University Science Books.

FSC
www.fsc.org
MIX
Papier | Fördert gute Waldnutzung
FSC® C083411

Kolibri 360 GmbH
Ferdinand-Jühlke-Straße 7
99095 Erfurt, Deutschland
produktsicherheit@kolibri360.de

Druck:
CPI Druckdienstleistungen GmbH
im Auftrag der
Kolibri 360 GmbH
Ferdinand-Jühlke-Str. 7
99095 Erfurt